二次供水工程

王 彤 雷春元 主 编
杜 昭 曹仙桃 崔红军 副主编

人民交通出版社股份有限公司
北 京

内 容 提 要

本书系统全面地介绍了二次供水发展历程、供水方式及供水设备、系统设计、水质保障、智慧标准泵房、设备安装与运维管理、二次供水设备及节能评价。为了便于学生课后复习与自学，在第8章设置了工程设计案例，使学生加深对二次供水工程基本知识的理解。

本书可作为给排水专业本科生的教材，也可作为给排水领域技术人员的参考书。

图书在版编目(CIP)数据

二次供水工程/王彤,雷春元主编.—北京:人民交通出版社股份有限公司,2023.1
ISBN 978-7-114-18077-4

Ⅰ.①二… Ⅱ.①王… ②雷… Ⅲ.①给水工程 Ⅳ.①TU991

中国版本图书馆 CIP 数据核字(2022)第 115853 号

Erci Gongshui Gongcheng

书　　名：	二次供水工程
著 作 者：	王　彤　雷春元
责任编辑：	朱明周
责任校对：	赵媛媛　魏佳宁
责任印制：	刘高彤
出版发行：	人民交通出版社股份有限公司
地　　址：	(100011)北京市朝阳区安定门外外馆斜街3号
网　　址：	http://www.ccpcl.com.cn
销售电话：	(010)59757973
总 经 销：	人民交通出版社股份有限公司发行部
经　　销：	各地新华书店
印　　刷：	北京建宏印刷有限公司
开　　本：	787×1092　1/16
印　　张：	9.25
字　　数：	219千
版　　次：	2023年1月　第1版
印　　次：	2024年1月　第2次印刷
书　　号：	ISBN 978-7-114-18077-4
定　　价：	32.00元

(有印刷、装订质量问题的图书,由本公司负责调换)

前 言

二次供水作为城市供水的"最后一公里",是城市供水的重要组成部分。保障二次供水安全是关乎民生的大事,是增进人民福祉的要求。随着我国城市化的快速发展,高层、超高层建筑数量的逐渐增多及市政供水管网的老化,市政供水管网压力远远不能满足用户用水要求,二次供水加压设施越来越多。目前,生活二次供水覆盖面积约占城镇面积的60%以上,供水量约占城镇供水总量的50%以上。

二次供水工程是城市公共供水系统的延伸,是建筑与小区给水工程的分支,是直接关系居民用户水量、水质和水压的重要工程。给水排水工程工作者必须掌握其基础理论与专业知识,并掌握工程设计、管理的理论与技能,发展本领域新技术,在保证居民水量、水质和水压的同时,使设备运行更高效、节能,最大限度地减少设备基建投资费用与后期运行维护费用。

本书全面系统地介绍了二次供水发展历程、供水方式及供水设备、系统设计、水质保障、智慧标准泵房、设备安装与运维管理、二次供水设备及节能评价等相关内容。本书共8章,由长安大学王彤教授、西安市自来水有限公司雷春元高级工程师担任主编,中国建筑西北设计研究院杜昭高级工程师、西安市二次供水管理中心曹仙桃高级工程师、西安水务(集团)规划设计研究院有限公司崔红军教授级高级工程师担任副主编。

本书在编写的过程中,得到了多个建筑工程设计单位有关同志和多位高校教师的帮助与支持,在此表示衷心感谢。

由于编者水平有限,书中难免存在疏漏,敬请读者批评指正。

作 者
2022年12月于西安

目 录

- 第1章 二次供水发展历程 ·· 1
- 第2章 供水方式及供水设备 ·· 6
  - 2.1 增压设备和高位水箱(池)联合供水 ·· 6
  - 2.2 变频调速供水 ··· 10
  - 2.3 叠压供水 ·· 16
  - 2.4 气压供水 ·· 24
- 第3章 系统设计 ·· 32
  - 3.1 水量 ·· 32
  - 3.2 水压 ·· 41
  - 3.3 系统选择 ·· 49
  - 3.4 管道布置和敷设 ··· 57
  - 3.5 管材和附件 ··· 60
  - 3.6 水锤防护 ·· 79
- 第4章 水质保障 ·· 86
  - 4.1 水质标准 ·· 86
  - 4.2 水质污染的现象及原因 ·· 88
  - 4.3 水质保障措施 ·· 89
  - 4.4 消毒技术 ·· 91
- 第5章 智慧标准泵房 ··· 93
  - 5.1 概述 ·· 93
  - 5.2 智慧标准泵房的设计原则 ··· 93
  - 5.3 智慧标准泵房的主要构成及其设计要求 ··· 93
- 第6章 设备安装与运维管理 ··· 103
  - 6.1 施工安装 ·· 103
  - 6.2 调试 ·· 108
  - 6.3 验收 ·· 111
  - 6.4 运行 ·· 112
  - 6.5 管理 ·· 114
  - 6.6 二次供水设施改造 ·· 121
  - 6.7 分区定量管理 ·· 124
- 第7章 二次供水设备及节能评价 ·· 128
  - 7.1 供水设备及附件评价 ··· 128

 7.2 电控部分评价 ·· 128
 7.3 节能评价 ·· 129
第8章 二次供水设计案例 ·· 131
 8.1 变频调速供水系统设计 ·· 131
 8.2 叠压供水系统设计 ·· 133
 8.3 多层建筑给水立管改造设计 ··· 137
参考文献 ··· 140

第1章　二次供水发展历程

改革开放以来,我国经济迅猛发展,城镇化进程不断推进,人民生活水平不断提高,人们对用水标准提出更高要求。目前我国城镇供水系统采用低压制供水方式,随着高层建筑、超高层建筑、商业综合体等大型建筑物的兴建,传统的市政供水方式难以直接满足这些用户的用水需求,二次供水方式已成为市政供水系统的重要组成部分。根据2017年西安市6个区4113个居民小区的供水信息统计,采用二次供水加压的居民小区占比高达57.57%。

二次供水是指当民用与工业建筑生活饮用水对水压、水量的要求超过城镇公共供水或自建设施供水管网能力时,通过储存、加压等设施经管道供给用户或自用的供水方式。

我国二次供水技术的发展大体经历了以下6个主要阶段:水塔或屋顶水箱供水、增压设备和高位水箱(池)联合供水、气压供水、变频调速供水、叠压供水、数字集成全变频控制恒压供水。在半个多世纪的发展进程中,供水技术日新月异,产品更新换代,推动着二次供水事业的不断发展。

1)水塔或屋顶水箱供水

20世纪80年代以前,城镇民用建筑高度较低,当城镇供水管网处于高峰用水时段时,管网供水量不能满足用户用水需求,但夜间用水量减少,市政管网压力升高,能直接供水至水塔或屋顶水箱,因而可利用夜间市政管网水压向水塔或屋顶水箱充水,白天用水高峰时再由水塔或屋顶水箱重力供水至用户。这便是我国最早的二次供水方式——水塔或屋顶水箱供水,如图1-1所示。

图1-1　水塔和屋顶水箱

水塔或屋顶水箱供水方式供水压力稳定,供水设备或设施简单,具有一定的调蓄能力,供水可靠性高。但是水塔投资较大,占地面积大,砖砌水塔如果年久失修,外表破旧会影响市容,水质易受污染,抗震性能较差。砖砌水箱存在占地面积大、水质易受污染的问题,增加了屋顶承重负荷。

随着社会的进步与发展,居民用水量不断增加,城镇供水管网的水压也在逐年变小,市政供水水压以前在夜间能进水箱,而一段时间后可能就无法进入,于是就有了增压设备和高位水箱联合供水的方式。

2）增压设备和高位水箱（池）联合供水

随着建筑物高度的增加，夜间市政管网水压难以保证水直接进入屋顶水箱，增压设备和高位水箱联合供水方式应运而生。

增压设备和高位水箱（池）联合供水即水泵从低位水箱（池）吸水，加压后供至高位水箱储存，在用水高峰时上部用户使用高位水箱重力供水，下部用户则直接利用市政管网压力进行供水。低位水箱（池）和高位水箱（池）要有足够容积储存所需水量。设计中通常按最大小时用水量选择水泵，水泵一般采用工频运行。高位水箱设在建筑物屋顶。水箱的材质经历了从砖到混凝土、钢筋混凝土、普通钢板、玻璃钢再到不锈钢组合拼装水箱的改进。

增压设备和高位水箱（池）联合供水方式，水泵以工频运行，保证其始终处于高效段，节能，水泵出水量稳定；水泵能及时向水箱供水，减少水箱的容积；高位水箱（池）依靠重力供水，出水压力稳定；因为水箱的储蓄作用，供水安全可靠性提高。但随着家用配水龙头从截止阀式水嘴变为瓷片式水嘴，水头损失增大，以及家用热水器的普及，致使用水点水压要求提高；顶层的用户用水压力又常因水箱设置高度的限制而实际偏低，从而需另设局部增压装置。此外，水箱（池）的设置加大了楼房结构负荷，如果管理不善，水箱（池）极易造成二次污染。

3）气压供水

20世纪80年代是气压供水的黄金时代。这期间，出现了补气式、浮板式、隔膜式等多种气压供水设备（图1-2）。

图1-2 隔膜式气压供水设备

起初，气压供水设备设置一个密闭型储罐。储罐的下部储水，上部是空气，利用水不可压缩、空气可压缩的原理，用水泵将水送到罐内，将罐内空气压缩；停泵后，压缩空气将水送至管网，待储罐水位下降至最低水位，水泵启动，由此周而复始进行。由于罐内气体和水相互接触，部分气体溶于水中并被水带走，需要及时对罐体进行补气，从而出现了补气式气压给水设备。这种气压设备出流的是气水混合液，呈乳白色、不透明状。但供水过程中，空气易从水中逸出并集聚在供水立管顶端，顶层用户水表受空气驱动而空转，导致水费增加。

为了减少水中气体的溶解量，研究人员对气压罐进行改进，设计一块浮板置于水面上，这便组成浮板式气压给水设备，浮板比罐体内径略小，随水面升降而上下浮动，这样可以减少空气与水的接触面积。但由于浮板并没有把水和空气完全隔开，气水混合出流现象和水表空转问题依然存在，但这对后来隔膜式气压水罐的研制带来了有益启示。

隔膜式气压水罐经历了不断改进的过程。1982年，北京市政建筑设计院首创了隔膜式气压罐供水技术。因隔膜形状似帽，故又称帽形隔膜（第一代隔膜）。它将气、水完全隔开，互不接触，空气不再溶于水中，设备也无须补气。但隔膜可180°挠曲变形，极易损坏，发生漏气；且隔膜由大法兰固定，耗材较多。1983年，囊形隔膜（第二代隔膜）问世，这是对帽形隔膜的改进，利用了囊形隔膜的伸缩变形，其构造比帽形隔膜更加合理，且不易漏气；用封头小法兰固定，用钢量大大减少。1988年，胆囊形隔膜（第三代隔膜）问世，设计、构造更加合理，采用折叠变形工作方式，极大地减少了囊形隔膜膨胀时因囊壁减薄可能引起的漏气。

气压供水设备设置地点相对灵活,不受建筑物高度限制,能满足用户水压要求,便于隐蔽,安装、拆卸方便;成套设备均在工厂生产,现场集中组装,占地面积小,工期短,土建费用低;实现了自动化操作,便于维护管理。相对于以往使用的开式水箱(水塔)而言,气压供水设备使水质不易受到污染,还有利于消除给水系统中的水锤影响。但罐体总容积偏大,而调节容积偏小,储水量少,一般调节水量仅占总容积的20%~30%,若要增加罐体调节容积,势必增加气压罐的体积,这就增加了钢材消耗;罐体为压力容器,制造加工难度大。变压式气压给水设备供水压力变化较大,对给水附件的使用寿命产生一定的影响。最重要的是气压给水设备的耗能较大:一是由于气压罐调节水量小,水泵启动频繁,启动时电流较大,能耗增大;二是水泵在最大工作压力和最小工作压力之间工作,水泵工作带较宽,从而平均运行效率低、能耗高;三是为保证气压给水设备向给水系统供水的全过程中,均能满足系统所需的水压 H,所以气压罐最低工作压力 P_1 根据 H 确定,而水泵扬程依然要维持在最大工作压力 P_2 下运转,这样使得 $\Delta P = P_2 - P_1$ 的电耗用来做无用功,造成了浪费。

气压供水设备因能耗较大、有效调节容积较小等问题得不到有效解决,因此在变频调速供水产生后,基本不在生活给水系统中使用。

4)变频调速供水

用户用水量在一天内是不断变化的,当水泵不供水至高位水箱,而是直接供水至用水点,这就要求水泵供水量随用水量变化而变化,水泵只有变频运行才有可能实现以上要求,因此变频调速供水方式应运而生。

变频调速给水设备(图1-3)从20世纪90年代开始在我国推广使用,主要由泵组、管路和电气控制系统[变频器和PLC(Programmable Logical Controller,可编程逻辑控制器)]三部分组成。此种供水设备的变频器依据系统供水压力信号的反馈应答改变电源的频率以调整水泵的转速,从而使供水水压保持恒定而供水量随时间变化。

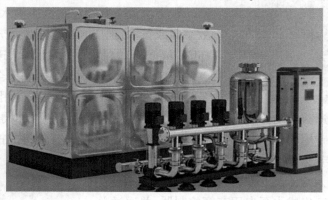

图1-3　21世纪10年代变频调速供水设备

伴随着电气设备控制元器件的更新换代,变频调速给水设备先后经历了继电器电路变频调速控制技术(早期的单变频控制技术)、局部数字化电气电路变频调速控制技术(中期的单变频、多变频控制技术)和数字集成全变频控制技术(近期的全变频控制技术)三个主要发展阶段。其中,前两个阶段采用的是微机控制的变频调速供水。

早期,一套供水设备通常配置一台变频器(单变频),水泵的启动和停止完全依赖继电器进行控制,由于水泵频繁启停、继电器吸合断开频繁,设备发生故障的概率较高。此外,由于系统用水量不断变化,水泵在变频、工频之间频繁切换工作状态,会引起系统流量和水压的瞬间波动,变频控制设备也会出现故障,给用户正常使用带来一定影响。

后来,在单变频基础上进行改进,发明了在一套供水设备上根据水泵台数一对一配置变频器(多变频)的供水设备,各水泵均可实现变频软启动,有利于消除水锤现象。但是,一对一配置的变频器相互之间不能实现通信,需要逐台设定运行参数,整套设备只有一个控制系统,当传感器或PLC出现故障时容易导致系统停机。

5)叠压供水

叠压供水是指利用城镇供水管网压力直接增压或变频增压的二次供水方式。

增压设备和高位水箱联合供水方式、气压供水方式和微机控制变频调速供水方式都不能利用市政供水管网的水压。水泵如果从市政供水管网直接吸水,市政供水管网的水压就能得到利用,即叠压供水。

叠压供水可充分利用市政供水管网的水压,从而减小水泵扬程,节省电耗,省去低位水箱(水池),节省投资,节约用地,简化系统,可防止水在水箱(水池)中的二次污染和可能的溢流损失,便于维护管理。但叠压供水方式有可能因回流而污染市政供水管网,在供水可靠性方面有所欠缺时,如供水系统处在高峰时段,上游来水量可能小于供水量,而供水设备本身不具备调节能力或调节能力较差(罐式叠压),且设备又设置了防负压措施,这种情况就必然造成停机断水,从而影响用户正常用水。如果设备在使用过程中防负压装置失灵,就有可能导致室外管网水压局部下降,从而影响附近用户正常用水。

目前,主要有罐式、箱式、高位调蓄式和管中泵式共4类叠压供水设备。图1-4为罐式叠压供水设备。此外,还有一体化式、气体保压式、水射器式低位水箱等其他叠压供水设备。

图1-4 罐式叠压供水设备

6)数字集成全变频控制恒压供水

数字集成全变频控制恒压供水技术,采用大规模数字集成技术,把变频调速、PID(Proportion Integration Differentiation)控制技术等变频调速供水设备所能涉及的控制功能集成于一体,研制出全变频控制供水设备核心部件——数字集成水泵专用变频控制器,从而实现了水泵变频调速与自动控制一体化,使二次供水变频调速控制技术得到全新提升。

数字集成水泵专用变频控制器不仅具有变频功能,而且具有独特的控制功能和其他诸多扩展功能。数字集成全变频控制恒压供水设备(图1-5)中的每台水泵(含工作泵、备用泵和小流量泵)均独立配置一个数字集成水泵专用变频控制器,并通过总线技术实现相互通信;设备中任意一台水泵发生故障,其他水泵均能继续正常工作;根据系统流量变化自动调节水泵转速,实现多台水泵运行情况下的效率均衡,无论系统运行工况如何变化,水泵始终在高效区内运行,多泵运行时可以扩大水泵高效区范围,实现更加理想的节能效果。设备中每台水泵配置的变频控制器之间利用总线技术实

图1-5 数字集成全变频控制恒压供水设备

现相互通信、联动控制和协调工作,使一套设备拥有多套相互独立又相互联系的控制系统;可直接通过显示屏进行人机对话,实现泵组运行参数的设定与调整,具有更加高效、更加节能、智能化程度更高、扩展功能更强、安全可靠性更好、操作维护更加便捷等显著特点。

自20世纪90年代初期开始使用的第一代变频调速供水设备因使用年限较长、泵组效率下降、运行能耗增加及部件损坏等原因将相继面临淘汰、更新,近年来全国各地已陆续有二次供水工程节能改造项目采用了数字集成全变频控制恒压供水设备,使二次供水系统运行工况大为改善,节能效果十分明显,获得广泛好评。

2014年3月20日,在意大利米兰举办的欧洲国际水展上,欧盟要求其成员国现阶段单泵功率11kW以上供水设备的每台水泵必须一对一配置数字集成全变频装置;从2017年1月开始,单泵功率11kW及以下供水设备的每台水泵也必须一对一配置数字集成全变频控制装置,以实现用户增压供水设备的每台水泵均为变频调速控制运行,降低水泵运行能耗。可以预见,数字集成全变频控制恒压供水技术将是今后二次增压供水设备的发展趋势。

第2章 供水方式及供水设备

二次供水系统可采用增压设备和高位水箱(池)联合供水、变频调速供水、叠压供水、气压供水四种供水方式。

目前,生活用水中广泛使用的二次供水方式是增压设备和高位水箱(池)联合供水、变频调速供水和叠压供水。本章重点介绍这三种供水方式及其供水设备。

2.1 增压设备和高位水箱(池)联合供水

增压设备和高位水箱(池)联合供水系统由低位水箱(池)、水泵、管路、高位水箱(池)、液位传感器、电控系统、阀门、仪表等配套附件组成(图2-1)。水泵从低位水箱(池)吸水,加压后供至高位水箱(池),高位水箱(池)再重力供水至用户。

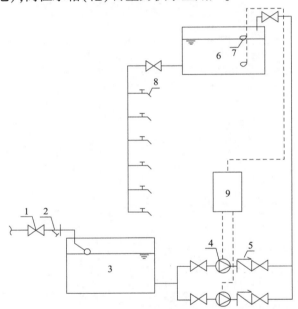

图2-1 增压设备和高位水箱(池)联合供水系统基本组成示意图
1-低位水箱(池)进水控制阀;2-过滤器;3-低位水箱(池);4-水泵;5-倒流防止器;6-高位水箱(池);7-液位传感器;8-用户端;9-电气控制柜

增压设备和高位水箱(池)联合供水方式在设计时通常按最大时用水量选择水泵,水泵扬程 H 为引入管至高位水箱高度所要求静水压 H_1、水泵吸水管和出水管至最高位水箱(池)的总水头损失 H_2 以及高位水箱(池)进水点所需的最低出流水头 H_4 之和。优点是水泵始终在高效区运行,节能;重力供水,自动补水,压力稳定;水池、高位水箱(池)有一定的调蓄能力,即使短暂停电仍能保持短时供水,供水可靠性高。缺点是高位水箱(池)容积较大,增加楼房结构荷载;若疏于管理,易导致水池、高位水箱(池)储水二次污染;高位水箱设在建筑物屋顶,箱底一般高出屋面0.5m,而实际水箱设置高度应满足 $h \geq (H_2 + H_4)$,其中,h 为水箱箱底至最不利点高差，H_2为水箱出水口至最不利点总水头损失，H_4为最不利点出流水头。因受到水箱设置高度的限制，重力供水时顶层用户出水压力偏低，部分卫生器具达不到最低出水压力要求甚至不出水，因此需另设局部增压装置。

2.1.1 设置条件

增压设备和高压水箱(池)联合供水的设置条件为：

①当水源不可靠或只能定时供水，或只有一根供水管而小区或建筑物又不能停水，或外部给水管网所提供的给水流量小于居住小区或建筑物所需要的设计流量时，应设低位水箱(池)；当外部给水管网压力低，需用水泵加压供水而又不允许直接从给水管网中抽水时，应设低位水箱(池)。

②外部给水管网压力经常不足，需要加压供水，而居住小区或建筑物内又不允许停水或某些用水点要求供水压力平稳的，应设高位水箱。

③建筑物内的水箱(池)应设置在专用房间内，该房间应无污染、不结冻、通风良好、维修方便。室外设置的水箱(池)及管道应有防冻、隔热措施。

④水箱(池)的有效容积大于50m³时，宜分成容积基本相等、能独立运行的两格。

⑤建筑物内的水箱(池)不应毗邻变配电所或在其上方，不宜毗邻居住用房或在其下方。

⑥水箱(池)外壁与建筑本体结构墙面或其他箱(池)壁之间的净距应满足施工或装配的要求；无管道的侧面，净距不宜小于0.7m；安装有管道的侧面，净距不宜小于1.0m，且管道外壁与建筑本体墙面之间的通道宽度不宜小于0.6m；设有人孔的箱(池)顶，顶板面与上面建筑本体板底的净空高度不应小于0.8m；箱底与水箱间地面板的净距，当有管道敷设时不宜小于0.8m。

2.1.2 水箱(池)容积

1) 低位水箱(池)

低位水箱(池)的有效容积应按进水量与用水量变化曲线经计算确定，一般根据调节水量和事故备用水量确定，应满足下式要求：

$$\begin{cases} V_r \geq (Q_b - Q_g)T_b + V_s \\ Q_g T_t \geq (Q_b - Q_g) \end{cases} \quad (2\text{-}1)$$

式中：V_r——水箱(池)有效容积(m³)；

Q_b——水泵的供出水量(m³/h)；

Q_g——给水管网的供出水量(m³/h)；

T_b——水泵运行时间(h)；

V_s——事故备用水量(m³)；

T_t——水泵运行间隔时间(h)。

建筑物内生活用水贮水池(箱)的有效容积应按进水量与用水量变化曲线经计算确定，当资料不足时，宜按建筑物最高日用水量的20%~25%确定。当建筑物内采用部分直供时，上述最高日用水量应按需要加压供水的那部分用水量计算。

2）高位水箱(池)

建筑物内生活供水高位水箱(池)的有效容积应按进水量和用水量的变化曲线经计算确定。当资料不足时可按下列要求确定：

①由市政管网夜间直接进水的高位水箱(池)，应按照供水人数和最高日用水定额确定。该水箱(池)的有效容积按白天全部由水箱(池)供水确定。

②由水泵联动提升进水的高位水箱(池)的有效容积，理论上应根据用水量和进水量变化曲线确定。但实际曲线不易获得，可按水箱(池)进水的不同情况由下列经验公式计算确定：

a. 当水泵采用自动控制运行时，可按式(2-2)确定：

$$V_t \geq \frac{1.25 Q_b}{4 n_{max}} \tag{2-2}$$

式中：V_t——水箱的有效容积(m^3)；

Q_b——水泵的出水量(m^3/h)；

n_{max}——水泵1h内最大启动次数，根据水泵电机容量及启动方式、供电系统大小和负荷性质等确定。一般选用4~8次/h。在水泵可以直接启动且对供电系统无不利影响时，可选用较大值(6~8次/h)。

也可按式(2-3)估算：

$$V_t = (Q - Q_b)T + Q_b T_b \tag{2-3}$$

式中：Q——设计秒流量(m^3/h)；

T——设计秒流量的持续时间(h)，在无资料时可按0.5h计算；

T_b——水泵最短运行时间(h)，在无资料时按0.25h计算。

按照上述方法确定的水箱(池)有效容积往往相差很大，尤其是按照式(2-2)计算的结果要小得多；如按式(2-3)计算，当水泵出水量等于或大于设计秒流量时，其计算结果将小得更多。

对于生活用水水箱(池)容积，当水泵采用自动控制时，宜按水箱(池)供水区域内最大小时用水量的50%取用。

b. 当水泵采用人工手动操作时，可按式(2-4)计算：

$$V_t = Q_d / n_b - T_b Q_m \tag{2-4}$$

式中：Q_d——最高日用水量(m^3/h)；

n_b——水泵每天启动次数(次/d)，由设计确定；

T_b——水泵启动一次最短运行时间(h)，由设计确定；

Q_m——水泵运行时段T_b内建筑平均小时用水量(m^3/h)。

对于生活用水水箱容积，按水箱(池)服务区内最高日用水量Q_d的百分数进行估算，水泵自动控制启闭时≥5%Q_d，人工操作时≥12%Q_d。

c. 单设水箱(池)时，可按式(2-5)计算：

$$V_t = Q_m T \tag{2-5}$$

式中：Q_m——由于给水管网压力不足，需要由水箱(池)供水的最大连续平均小时用水量(m^3/h)；

T——由水箱(池)供水的最大连续时间(h)。

由于外部给水管网的供水能力相差很大,水箱(池)有效容积应根据具体情况分析后确定。当按式(2-5)确定水箱(池)有效容积困难时,可按最大高峰时段用水量或全天用水量的1/2确定,也可以按夜间进水白天全部由水箱(池)供水确定。

d. 当水箱(池)需要储备事故用水时,水箱(池)的有效容积除包括上述容积外,还应根据使用要求增加事故贮水量。

e. 当采用串联供水方案时,生活用水中间水箱(池)应按照水箱(池)供水部分和传输部分水量之和确定。供水水量的调节容积不宜小于供水服务区域最大时用水量的50%。传输水量的调节容积应按提升水泵3~5min的流量确定。若中间水箱(池)无供水部分调节容积,传输水量的调节容积宜按提升水泵5~10min的流量确定。

2.1.3 水箱(池)配管

水箱(池)一般应设置进水管、出水管、溢水管、泄水管、通气管、水位信号装置、人孔等。当因容积过大需分成两个或两格时,应按每个(格)可单独使用来配置上述管道和设施。两个水池或水箱之间应设连通管,使其成为一个整体,连通管上应设闸阀隔断,以利于水池、水箱可单个独立使用。

①进水管和出水管应分别设置,管道上均应设置阀门,且应布置在相对位置,以便池内贮水经常流动,防止滞留和死角。较大的贮水池宜设置导流隔墙。

②水池的进水管和利用外网压力直接进水的水箱进水管上应装设与进水管径相同的自动水位控制阀,当采用直接作用式浮球阀时不宜少于2个,且进水管高程应一致。当水箱采用水泵加压进水时,应设置根据水箱水位自动控制水泵开、停的装置。当一组水泵供给多个水箱时,在各水箱进水管上宜装设电信号控制阀,通过水位监测设备实现自动控制。

③水箱的出水管可设置在箱壁和箱底,但其管口的最低点应高于箱底50mm,且管口应低于最低水位0.1m,对于用水量大且用水时间较集中的用水点应设单独出水管。

④溢流管的管径应按排泄最大入流量确定,一般比进水管大1~2级。溢流管宜采用水平喇叭口集水,喇叭口下的垂直管段长度不宜小于4倍溢流管管径。溢流口应高出最高水位0.05m,报警水位应高出最高水位0.02m,溢流管上不得装阀门。

⑤水箱(池)泄水管的管径应按水箱(池)泄空时间和泄水受体的排泄能力确定,一般可按2h内将池内存水全部泄空进行计算,但管径不宜小于100mm。当无特殊要求时,水箱的泄水管管径可比进水管小1~2级,但不得小于50mm。泄水管上应设阀门,阀门后可与溢水管相连,并应采用间接排水方式排出。泄水管一般宜从水箱(池)底接出,若因条件不许可必须从侧壁接出时,其管内底应和水箱(池)底最低处平。当贮水池的泄空管无法自流泄空存水时,应设置移动提升装置。

⑥对于水箱(池)的通气管,应按最大进水量或出水量求得最大通气量,按通气量确定通气管的直径和数量,通气管内的空气流速可采用5m/s。根据水箱(池)的水质确定通气管材质。通气管一般不少于2条,并应有高差,管道上不得设阀门。水箱的通气管管径一般宜为100~150mm,水池的通气管管径一般宜为150~200mm。通气管可伸至室内或室外,但不得伸到有有害气体的地方。管口应有防止灰尘、昆虫和蚊蝇进入的滤网,一般应将管口朝下设置。

⑦液位计：一般应在水箱侧壁上安装玻璃液位计，指示水位。在一个液位计长度不够时，可上下安装2个或更多个。相邻两个液位计的重叠部分不宜小于70mm。若水箱液位采用与水泵连锁自动控制时，应在水箱侧壁或顶盖上安装液位继电器或信号器。常用的液位继电器或信号器有浮子式、杆式、电容式与浮球式等。采用水泵加压进水的水箱高、低电控水位，均应考虑保持一定的安全容积，停泵瞬时的最高电控水位应至少低于溢水位100mm，启泵瞬时的最低电控水位应至少高于设计最低水位200mm，以免稍有误差时造成水流满溢或贮水放空的不良后果。

⑧水箱（池）顶部应设人孔。人孔的大小应按水箱（池）内各种设备、管件的尺寸确定，并应确保维修人员能顺利进出，一般宜为800～1000mm，不得小于600mm。人孔应靠近进水管装设浮球阀处，圆形人孔宜与水箱（池）内壁相切，方形人孔的一侧宜与水箱（池）内壁平；当水箱高度大于或等于1500mm时，人孔处的内、外壁宜设爬梯，外部人梯的第一踏步宜离地面600mm，箱顶扶手部分不宜高于600mm，人孔附近应有电源插座以便检修时接临时照明。室外覆土的水池池顶人孔口顶应高出覆土层200mm，室内水箱人孔口顶应高出水箱顶（或室内水池顶）100mm。人孔盖应为密封型，加锁。当受条件限制，人孔无法设置在池顶而必须设置在侧壁时，应按人孔最低处至少高于最高水位200mm的要求设置。水箱的人孔、通气管、溢流管应有防止生物入侵的措施，如在通气管管口安装滤网、空气过滤装置，在溢流管出口末端设置耐腐蚀材料滤网等。

2.2 变频调速供水

由于用户一天中各时刻的用水量是变化的，只有在水泵变频运行工况下，设备供水量才能做到按用水量变化而变化，这就要求设备配置变频器和PLC或数字集成水泵专用变频控制器，从而实现变频调速供水。

2.2.1 变频调速原理

变频器是变频调速供水设备的重要组成部件。简单来讲，变频器是通过整流（即交流电转变为直流电）和逆变（即直流电转变为交流电）过程来改变电动机工作电源的频率，使得50Hz的交流电经过变频器后改为频率、电压连续可调的交流电。变频器的控制原理如图2-2所示。

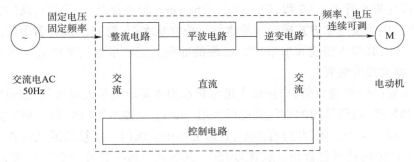

图2-2 变频器控制原理示意图

又根据电动机转速与工作电源输入频率成正比的关系：

$$n = \frac{60f(1-S)}{P} \qquad (2\text{-}6)$$

式中：n——异步电动机的转速（r/min）；

f——电动机工作电源的频率（Hz）；

S——转差率；

P——定子绕组的磁极对数。

由此可知，电动机转差率 S 和磁极对数 P 一定时，通过变频器改变电动机工作电源的频率 f，即可实现电动机转速 n 的改变，使水泵转速和流量可调。

2.2.2 变频调速供水分类

1）按供水方式分类

目前，变频调速供水设备根据其水泵出口压力值不同，分为恒压变流量和变压变流量两种。变频调速供水设备主要由贮水池、水泵、变频控制柜、给水管水压监测仪表组成。两种供水方式的区别在于控制水泵变频运行的压力信号发出地点不同。

（1）恒压变流量供水方式

系统设定的给水压力值为设计秒流量下水泵出水管处所需的压力。通过在水泵出水管上安装电接点压力表或压力变送器（图2-3），将实际压力反馈值与系统设定的供水压力值对比，经过控制单元对二者压力差进行处理后，控制指令对水泵电机转速及水泵投运台数进行调整，从而使水泵出口压力稳定在系统设定的供水压力值。

图2-3 水泵出水管上安装的电接点压力表或压力变送器

（2）变压变流量供水方式

水泵流量总是随着用户用水量变化而变化，管网末端用户水压也会相应浮动，在供水管网末端安装电接点压力表或压力传感器取样，将反馈的实际压力值与供水管网末端所需的供水压力值进行比较，把差值输入控制单元的处理器进行运算处理，发出控制指令，控制水泵机组投运台数和电动机的转速，从而使管网末端水压保持恒定、水泵出水管压力随着供水量变化而变化。

（3）恒压变流量供水方式和变压变流量供水方式比较

在恒压变流量供水方式中，反馈系统压力表安装在水泵出口附近，其压力设定值依据用户需求经计算确定。在运行过程中，为了使水泵出口保持此压力恒定，水泵会在变频器控制下,随用户用水量变化自动调节水泵转速。"恒压"指的是泵出口压力保持恒定,"变流量"指的是系统的流量(用户水量)不断变化。恒压变流量供水方式节省的能量可用图2-4中水泵流量-扬程(Q-H)特性曲线和水泵恒压工作曲线之间所围成面积Ⅰ表示。

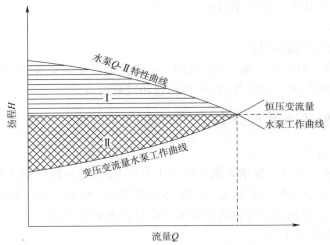

图2-4 水泵 Q-H 特性曲线和工作曲线

在变压变流量供水方式中,压力表装在最远用户或最不利用户的用水点附近。压力表的压力设定值根据最远或最不利用户用水点对水压的要求而定,该压力设定信号经有线或无线方式传回泵房变频控制柜,当系统流量(用户用水量)变化时,变频器会控制水泵不断改变转速。"变压"指的是水泵出口压力变化,"变流量"指的是系统流量(用户用水量)不断变化。如图2-4所示,它除了恒压变流量供水方式节省的面积Ⅰ外,还增加了由恒压工作曲线与变压变流量水泵工作曲线围成的面积Ⅱ。

理论上,变压变流量供水方式更加节能,但将压力传感器安装在最不利用水点处,导致压力传感器与泵房距离较远,增加了信号线的长度,从而致使信号滞后,难以保证水泵转速的调节精度。因此,工程实际中常采用恒压变流量供水方式,其电气控制系统较简单,所需自控仪表少,实现方便。

2)按是否设辅助供水设备分类

按是否设辅助供水设备,变频调速供水设备可分为设辅助供水设备和不设辅助供水设备两种。不设辅助供水设备的变频调速供水设备,在单台供水主泵小流量或零流量工况时,供水主泵即使在变频工况下工作,一般也在高效工作区以外,故工作时间长时会出现系统不节能现象。不设辅助供水设备的变频调速供水设备宜在系统或单台供水泵的流量小、不方便选用更小规格辅助小泵的情况下采用。

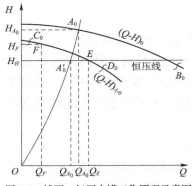

图2-5 辅泵+气压水罐工作原理示意图

辅泵和气压水罐是恒压变流量变频调速供水系统为改善供水主泵在小流量或零流量时处于高效工作区以外工况而设置的,其工作原理见图2-5。

图中,$(Q$-$H)_0$ 是主泵工频运行时的 Q-H 特性曲线,A_0、B_0 分别为其高效区左、右端点;$(Q$-$H)_{小0}$ 是辅泵工频运行时的 Q-H 特性曲线,C_0、D_0 分别为其高效区左、右端点;H_A =

$H_{A_0}Q_A^2/Q_{A_0}^2$是过A_0点的等效率曲线方程,等效率曲线与水泵恒压线的交点为A'_0;辅泵Q-H特性曲线与恒压线的交点E应靠近A'_0且在其右侧;F点是辅泵压力升高停泵时的工况点,根据气压水罐的供水原理,辅助小泵停泵时气压罐内压力H_F宜比辅助小泵开泵时压力H_H高$0.18\sim0.20$MPa。当辅泵的流量Q_F还小时,辅泵停泵,完全靠气压水罐内的贮存水和压力进行供水。

综上所述,当主泵进入小流量工作阶段时,在到达A'_0点以前,主泵停止运行并切换到辅泵工频运行,该点后按气压供水方式进行供水,工况点在辅泵Q-H特性曲线的E点附近;随着系统流量的进一步减小,辅泵的工作点从E点逐渐移向F点,F点的工况是通过气压水罐内空气腔的压力来监控的,当空气腔压力达到H_F时,辅泵也停止工作,更小的流量($<Q_F$)全靠气压水罐来供给。反之,当系统流量逐渐增加时,进行上述过程的逆过程,直至供水主泵再一次开始运行。

A'_0点的工作切换,即主泵与辅泵之间的切换,有主泵阈值频率切换、主泵出口流量控制切换和时间控制切换等方式。

依据辅泵的启泵点$E(Q_E,H_E)$和停泵点$F(Q_F,H_F)$,查水泵的性能表或Q-H特性曲线就能选择辅泵的型号和规格。辅泵的启泵点E和停泵点F均应处于其特性曲线的高效区($C_0\sim D_0$范围)内。

气压水罐的计算与选用宜符合现行《建筑给水排水设计标准》(GB 50015)的有关规定。采用的计算公式如下:

$$q_b = \frac{1}{2}(Q_E + Q_F) \quad (2\text{-}7)$$

$$q_b \geqslant 1.2Q_h \quad (2\text{-}8)$$

$$V_{q2} = \frac{\alpha_a q_b}{4n_q} \quad (2\text{-}9)$$

$$V_q = \frac{\beta V_{q1}}{1-\alpha_b} \quad (2\text{-}10)$$

式中:q_b——辅泵的平均流量(m^3/h);

V_{q2}——气压水罐的调节容积(m^3);

α_a——安全系数,宜取$1.0\sim1.3$;

n_q——水泵在1h内的启动次数,宜取$6\sim8$次;

V_q——气压水罐的总容积(m^3);

V_{q1}——气压水罐的水容积(m^3),应大于或等于调节容积;

α_b——气压水罐内的工作压力比(以绝对压力计),宜取$0.65\sim0.85$;

β——气压水罐的容积系数,隔膜式气压水罐取1.05;

Q_h——给水系统最大小时用水量(m^3/h)。

3)按电气自动控制方式分类

变频调速供水设备依据电气自动控制方式的不同,分为微机控制变频调速供水设备和数字集成全变频控制恒压供水设备。

(1)微机控制变频调速供水设备

微机控制变频调速供水设备(图2-6)以单片机、PLC等为主控单元进行自动控制,由水泵从水池、水箱、水井等调节装置中取水,通过变频器改变供电频率控制水泵电机转速,使水

图2-6 微机控制变频调速供水设备

泵转速和流量可调节。

微机控制变频调速供水设备主要由水泵、控制柜(含变频器)、压力检测仪表、管路、阀门等组成,其基本组成见图2-7。

下面以3台工作泵为例简述微机控制变频调速供水设备的工作原理,启泵次序定为1号泵→2号泵→3号泵。

变频器先启动1号泵;随着用户需水量逐渐增大,1号泵运行频率最终达到50Hz,如果此时不能满足用户用水需求,1号泵切换为工频运行,变频器启动2号泵,系统处于"1定1调"状态;随着用户需水量继续增大,2号泵运行频率最终达到50Hz,如果此时仍不能满足用户用水需求,2号泵切换为工频运行,变频器启动3号泵,系统处于"2定1调"状态;当用户用水量达到最大值时,3号泵运行频率达到最高。当用户用水量逐渐减少时,停泵次序为1号泵→2号泵→3号泵,即服从"先启先停"原则,目的是尽量保证各泵累计运行时间与启停次数大致相等,避免因某一泵组频繁启停而加剧机组零部件损耗,导致机组故障率和维护成本增加。

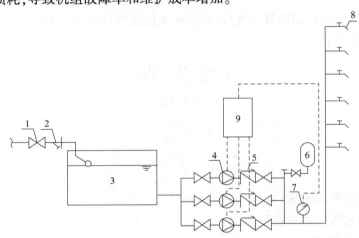

图2-7 微机控制变频调速供水系统基本组成示意图
1-低位水箱(池)进水控制阀;2-过滤器;3-低位水箱(池);4-变频泵;5-倒流防止器;6-气压水罐;7-压力传感器;8-用户端;9-电气控制柜

微机控制变频调速供水设备有两种变频器配置方式:

①每套供水设备配置1台变频器,水泵的启停完全依赖继电器电路进行控制。由于水泵频繁启停,继电器吸合、断开频繁,设备发生故障的概率较高。此外,设备运行过程中,随着系统用水量的增加或减少,水泵在变频、工频转换(即加泵或减泵)时,会引起系统流量和水压的瞬间波动,给用户正常用水带来影响。

②每套供水设备中,根据水泵台数一对一配置通用型变频器,所有水泵均可实现变频软启动,有利于消除水锤现象。但由于变频器间相互不通信,运行参数指令需要逐台设定,而整套设备只有1个控制系统,当传感器或PLC出现故障时易导致系统停机。

微机控制变频调速供水方式的优点在于水泵出口恒压,能满足用水点水压要求,占地面积小,搭配得当时有一定节能效果;缺点是水泵在一天内大多数时段变频运作,不在高效区,不节能或节能效果差。

对于微机控制变频调速供水设备,无论其配置1台还是多台变频器,水泵运行情况均为工频-工频-变频组合方式。

通过以上分析,若微机控制变频调速供水设备含4台同型号主泵(三用一备),单泵恒压供水时最大出水量为 Q_B,当任意时刻用户用水量为 Q_j 时,可计算出单台调速泵的出水量 Q_i 为:

$$Q_i = \begin{cases} Q_j & Q_j \leq Q_B \\ Q_j - Q_B & Q_B < Q_j \leq 2Q_B \\ Q_j - 2Q_B & 2Q_B < Q_j \leq 3Q_B \end{cases} \tag{2-11}$$

微机控制变频调速供水的注意事项为:

①微机控制变频调速供水设备可用于居民生活用水、公共场所用水、商业建筑用水、已有建筑给水系统(气压给水、高位水箱给水)的改造、工业建筑用水等。

②设计中利用变频调速技术改变水泵特性曲线,以期达到节能目的。改变水泵特性曲线时,应确保水泵不离开额定工况点过多,一般不超过水泵工频运作额定点的±20%,否则可能达不到节能效果。

③不能无限制调速,一般将水泵电机运行频率控制在35~50Hz,比较利于提高机组节能效率。水泵低速或高速运转都会影响电机自身性能,威胁电机的安全运行,降低电机使用寿命。

(2)数字集成全变频控制恒压供水设备

数字集成全变频控制恒压供水设备(图2-8)中的每台水泵均独立配置1个具有变频调速和控制功能的数字集成水泵专用变频控制器。系统通过出口端的压力传感器检测当前的出水口压力值,将检测值与系统设定目标值进行比较,确定变频驱动水泵的运行台数和运行频率。当2台或2台以上泵同时运行时,各变频控制器通过CAN总线技术相互通信、联动控制、协调工作,实现多台水泵同时、同步、同频率一致运行,确保水泵机组运行始终处于全变频状态,避免了水泵偏离高效区运转的不利情形,确保供水压力恒定。可直接通过显示屏进行人机对话,实现泵组运行参数的设定与调整,使泵组实现全变频控制运行。

数字集成全变频控制恒压供水设备主要由不锈钢水泵、数字集成水泵专用变频控制器、气压水罐、压力传感器、阀门、管路等组成,如图2-9所示。

图2-8 数字集成全变频控制恒压供水设备

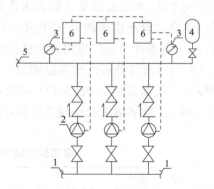

图2-9 数字集成全变频控制恒压供水设备基本组成示意图
1-接自进水管;2-变频泵;3-压力传感器;4-气压水罐;5-接至用户端;6-数字集成水泵专用变频控制器

数字集成水泵专用变频控制器是全变频供水设备的核心,其将变频调速和PID控制等功能通过数字集成技术集于一体,实现了泵组变频调速和自动控制的一体化,并通过大规模集成电路技术将各功能模块化封装在一个防护等级达到IP55的壳体内。

下面以3台工作泵为例,简述数字集成全变频控制恒压供水设备的工作原理,启泵次序定为1号泵→2号泵→3号泵。

变频器先启动1号泵;随着用水量逐渐增大,1号泵运行频率最终达到50Hz,若仍不能满足用户用水需求,系统自动启动2号泵调速,2号泵频率逐渐增大,1号泵频率逐渐降低,直至二者达到同频率,此时1、2号泵等量同步、协调运行;1、2号泵频率同步增大,直至50Hz,若此时仍不能满足用户用水需求,系统自动启动3号泵调速运行,3号泵频率逐渐增大,1、2号泵频率逐渐降低,直至三者达到同频率,此时1、2、3号泵等量同步、协调运行,频率同步增大以满足用户用水需求。当用户用水量逐渐减少时,各泵组等量同步、协调运行,频率同步降低,服从"先启先停"原则,当运行频率降至低于30Hz时,系统会自动停止1台运行的水泵,直至所有水泵停机休眠,如此周而复始。

对于数字集成全变频控制恒压供水设备,水泵为变频-变频-变频组合运行。

采用数字集成全变频控制恒压供水设备时,各泵出水量相等,单泵流量Q_i为:

$$Q_i = \begin{cases} Q_j & Q_j \leqslant Q_B \\ Q_j/2 & Q_B < Q_j \leqslant 2Q_B \\ Q_j/3 & 2Q_B < Q_j \leqslant 3Q_B \end{cases} \qquad (2\text{-}12)$$

式中各符号含义同式(2-11)。

2.3 叠压供水

叠压供水是利用城镇供水管网压力直接增压或变频增压的二次供水方式。

目前,叠压供水设备的名称很多,如管网叠压供水设备、无负压给水设备、接力加压供水设备、直接加压供水设备等叠压供水方式具有两大特征:①设备吸水管与城镇供水管道直接连接;②能充分利用城镇供水管道的原有压力,在此基础上叠加尚需的压力供水。叠压供水具有不影响水质、节能、节材、节地、节水等优点,但存在影响城镇供水管网水压、回流污染影响市政管网水质、无储备水量或储备水量较少等缺点。由于叠压供水方式的特殊性,必须综合考虑城镇供水管网供水能力、用户用水性质和叠压供水设备条件,在确保城市整体供水安全的基础上,有条件地推广应用这种叠压供水方式。

表2-1为目前与叠压供水直接相关的部分现行国家、行业或协会标准。此外,还有《天津市叠压供水技术规程》(DB29-173—2014)等地方标准,《叠压(无负压)供水设备选用与安装》(12S109)、《数字集成全变频叠压供水设备选用与安装》(16S110)等国家建筑标准设计图集。

叠压供水相关技术和产品标准(部分)　　　　表2-1

序　号	标准名称	标　准　号
1	箱式无负压供水设备	CJ/T 302—2008
2	稳压补偿式无负压供水设备	CJ/T 303—2008

续上表

序号	标准名称	标准号
3	高位调蓄叠压供水设备	CJ/T 351—2010
4	无负压管网增压稳流给水设备	GB/T 26003—2010
5	无负压一体化智能给水设备	CJ/T 381—2011
6	叠压供水技术规程	CECS 221:2012
7	无负压静音管中泵给水设备	CJ/T 440—2013
8	静音管网叠压给水设备	CJ/T 444—2014
9	管网叠压供水设备	CJ/T 254—2014
10	气体保压式叠压供水设备	CJ/T 456—2014
11	静音管网叠压给水设备	GB/T 31894—2015
12	罐式叠压给水设备	GB/T 24912—2015
13	矢量无负压供水设备	GB/T 31853—2015
14	箱式叠压给水设备	GB/T 24603—2016
15	无负压给水设备	CJ/T 265—2016

2.3.1 叠压供水的应用条件

叠压供水技术不得用于下列区域：
①供水管网定时供水的区域。
②供水管网可利用的水头过低的区域。
③城镇供水管网压力不稳定、波动过大的地区，不应采用叠压供水方式。因设备直接从供水管网吸水加压进行二次供水，势必加剧城镇管网压力的不稳定性，同时也会造成叠压供水设备经常停机，有悖于城镇供水管网供水和二次供水持续、稳定供水的原则。
④现有供水管网供水总量不能满足用水需求，使用叠压供水设备后，对周边现有(或规划)用户用水会造成影响的区域。
⑤供水管网管径偏小的区域。对于供水管网的管径，部分城市供水管理部门有具体的规定。例如：北京市要求使用叠压供水设备的外接供水管道口径应大于或等于 DN300；《天津市叠压供水技术规程》(DB29-173—2014)要求设备吸水管所接的城镇供水管网管径不应小于 150mm，所接的小区供水管网管径不应小于 100mm；《西安市建筑供水一户一表及二次供水改造技术导则(暂行)》要求市政供水干管水量充足，且管径不小于 400mm，并经城市供水管理部门核准后才能使用叠压供水设备。
⑥用户所在区域的供水管网压力低于当地规定可采用叠压供水方式区域的最低供水压力标准时，不应采用叠压供水方式，以避免对周边地区城镇供水管网直接供水的用户正常稳定供水造成影响。例如：北京市要求叠压供水所处地区管网的压力大于或等于 0.22MPa；天津市要求中心城区压力值不应低于 0.22MPa，近郊地区压力值不应低于 0.20MPa。

叠压供水技术不得用于下列用户：
①特大型居住小区、宾馆、洗浴中心等用水量大、用水高峰集中的用户，不应采用叠压供水方式，以避免叠压供水设备短时间、大量直接吸水对周边地区正常用水及城镇供水管网直

接供水系统供水压力产生影响。

②叠压供水系统大部分没有储水设施或储水量很小,因此,要求确保不间断供水的用户不应采用叠压供水方式,避免城镇供水管网维修、故障抢修停水时因为二次供水没有备用储水造成停水,或因城镇供水管网压力降低造成叠压供水设备停机而停止供水。

③医疗、医药、造纸、印染、化工和其他可能对公共供水管网造成污染的相关行业与用户,不应采用叠压供水方式。虽然叠压供水设备采取了防倒流污染措施,但是一旦防污措施失灵而发生倒流污染的状况,将对公共用水安全将造成不堪设想的后果。

④选用的叠压供水设备应当具备对压力、流量和防倒流污染的控制能力,以确保城镇供水安全。

2.3.2 叠压供水设备的分类

目前,主要有罐式、箱式、高位调蓄式和管中泵式共4类叠压供水设备。

1)罐式叠压供水设备

罐式叠压供水设备(图2-10)靠稳流罐实现流量调节。稳流罐是设在供水管网与水泵进水口之间,稳定供水管网压力的承压密闭罐体,是叠压供水设备的重要组成部件之一。部分叠压供水设备的稳流罐为分腔式,分为高压腔和恒压腔,或超高压腔、高压腔和恒压腔,从而实现用水高峰时对取水管网进行差量补偿和对用水管网进行流量调节。罐式叠压供水设备主要由水泵、稳流罐、真空抑制器、微机变频控制柜、各种管件、阀门、附件等组成。对于夜间小流量和零流量时段时间较长的用户,还可以设置辅助小泵和气压水罐。

罐式叠压供水设备的基本组成见图2-11。

图2-10 罐式叠压供水设备

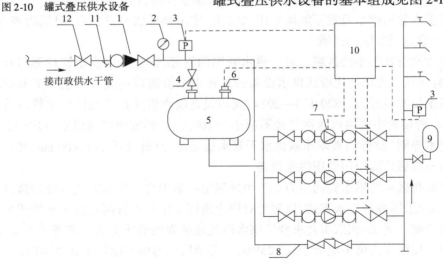

图2-11 罐式叠压供水设备

1-倒流防止器;2-压力表;3-压力传感器;4-阀门;5-稳流罐;6-真空抑制器;7-变频泵;8-旁通管(可选);9-气压水罐;10-电气控制柜;11-过滤器;12-阀门

市政供水从设备进水管进入,经过阀门、过滤器和倒流防止器进入稳流罐。进入稳流罐前的进水管上装有压力传感器。在稳流罐上装有真空抑制器和水位计。正常运行时,稳流罐充满带压的水,供水主泵从稳流罐吸水增压后供给用户。供水主泵后的出水管上装有压力传感器,它依据用户对用水水压的需求设定压力值。设定压力值是一个恒定值,允许有 0.01~0.02MPa 的波动。由于市政供水管网压力的波动和进水管内流量的变化,使得市政供水到达供水主泵进口时尚有可利用的压力,但不是一个定值,供水主泵的增压值正是出口设定压力值与进口尚存压力的差值。因此供水主泵不是恒速运行,而是变频调速运行,它的运行情况通过微机变频控制柜进行监控。为了使叠压供水设备从市政供水管网直接抽水时不对市政供水和周围用户产生影响,传统叠压供水设备设有双重保护措施。一是在进稳流罐前装压力传感器,给它设定一个最低压力值,压力传感器的信号传入微机变频控制柜,在最低压力值以上时进水管内不会产生负压,在最低压力值以下时微机变频控制柜发出指令使供水主泵减速并减少供水直至停泵。二是在稳流罐上设置真空抑制器和水位计。在压力传感器发生故障、市政供水量不足而用户用水量不减的情况下,供水主泵仍在正常供水时,稳流罐内水位就会下降,此时真空抑制器进排气双向阀打开,罐外空气经过滤后进入稳流罐;如果市政供水状况没有好转,罐内水位会持续下降,当下降到设定的允许最低水位时,水位计将信号传至微机变频控制柜,发出指令使供水主泵停止运行,阻止了稳流罐内水被抽空,从而也抑制了进水管内"负压"的产生。当市政供水正常后,由于来水增加,稳流罐内的水位会上升,罐内的空气开始从真空抑制器的双向阀排出,直至排尽,稳流罐内又充满压力水,设备恢复正常运行。辅泵与气压水罐是为夜间小流量或零流量情况而设置的。未设置辅泵和气压水罐的设备,供水主泵全天开启,供水主泵停泵意味着停止供水。设置辅泵和气压水罐后,当夜间供水量减小到一定量后,供水主泵停泵,自动切换到辅泵,当供水量继续减小到某值时,辅泵会停泵转而由气压水罐供水。

2)箱式叠压供水设备

箱式叠压供水设备在罐式叠压供水设备的基础上增加了低位水箱,如图 2-12 所示。

箱式叠压供水设备是随着用户对供水可靠性要求的提升而应运而生的。其主要特点为:这种供水方式在全天内绝大部分时间,水泵从进水管直接抽水,经稳流罐加压供水给用户,其供水方式与罐式叠压一致;而在市政供水管网水压低于最低服务压力时,或市政供水管网短时停水时,或用水高峰时段市政供水量不足时,或低位水箱储水时间较长时(不宜大于 12h),从低位水箱内抽水,通过变频泵组加压供至用户,因低位水箱可以贮水,其供水保证率较罐式

图 2-12 箱式叠压供水设备

叠压供水设备高。水箱有效容积应为设备最大时流量的 1~2 倍。为避免低位水箱储水时间过长致使水质劣化,市售箱式叠压供水设备均有强制循环控制功能。如杜科系列箱式全变频叠压供水设备,当低位水箱储水超过 6h 时,设备切换至从低位水箱取水;格兰富系列箱式全变频叠压供水设备每隔 8h 切换至从低位水箱取水,从而保障水箱水质更新。

箱式叠压供水设备的基本组成见图 2-13。

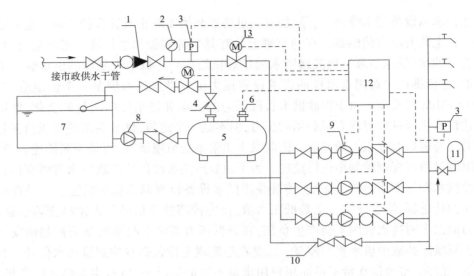

图 2-13 箱式叠压供水设备

1-倒流防止器;2-压力表;3-压力传感器;4-阀门;5-稳流罐;6-真空抑制器;7-不锈钢水箱;8-增压装置(可选);9-变频泵;10-旁通管(可选);11-气压水罐;12-电气控制柜;13-电控阀

采用箱式叠压供水设备时,若主泵的高效区范围广,可不设增压泵。

3) 高位调蓄式叠压供水设备

高位调蓄式叠压供水设备在建筑物顶部设置高位水箱或高位调蓄罐来调节流量和稳定压力,当发生供水管道、设备电源、机械等故障时,可利用高位水箱或高位调蓄罐保持正常供水。高位调蓄式叠压供水设备主要由缓冲罐、流量控制器、高位水箱或高位调蓄罐、水泵机组、变频控制柜、管道、阀门及仪表等组成,见图2-14。

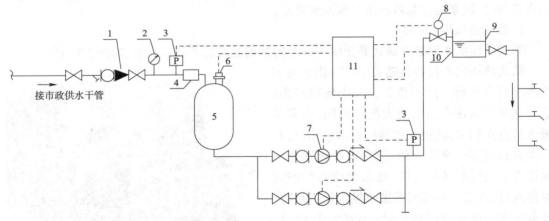

图 2-14 高位调蓄式叠压供水设备

1-倒流防止器;2-压力表;3-压力传感器;4-流量控制器;5-稳流罐;6-真空抑制器;7-变频泵;8-电动阀;9-高位水箱;10-液位传感器;11-电气控制柜

高位水箱的调节容积不宜小于最大时流量的50%。高位调蓄式叠压供水设备可采用工频泵组,依据最大时流量进行泵组选型。高位调蓄式叠压供水方式是由高位调蓄水箱来保证的,与其他叠压供水设备相比具有以下特点:①水泵可以在工频状态下运行,因此控制系统比较简单;②比其他叠压供水方式节能;③高位水箱具有一定的调节贮存水量,供水安全得以保证。

4）管中泵式叠压供水设备

管中泵式叠压供水设备（图2-15）与供水管网直接连接加压供水，有效利用供水管网压力，且能保证供水水压满足末端用户所需压力。管中泵以立式或卧式安装于屏蔽式稳流套管内，水泵采用不锈钢潜水式离心泵，电机采用水冷式屏蔽式电机。该类设备优点是：屏蔽式稳流套管屏蔽水泵运行时产生的噪声和振动；水流流动有助于电机散热；管中泵设备可作为管路的一部分，占地面积小，安装方式灵活，更加卫生环保，杜绝了水量泄露等问题。

图2-15 管中泵式叠压供水设备

管中泵式叠压供水设备的基本组成见图2-16。

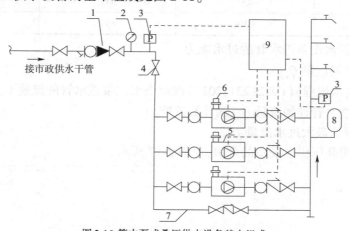

图2-16 管中泵式叠压供水设备基本组成
1-倒流防止器；2-压力表；3-压力传感器；4-阀门；5-变频泵；6-真空抑制器；7-旁通管（可选）；8-气压水罐；9-电气控制柜

综上所述，4类主流叠压供水设备的特点及适用条件见表2-2。

叠压供水设备特点及适用条件　　　　表2-2

设备类别	特点	适用条件
罐式	主要由稳流罐、变频调速泵组、气压水罐、变频控制柜、管道、阀门及仪表组成。是叠压供水设备的基本形式	适用于对供水流量充足，但压力不能满足要求的场所
箱式	主要由稳流罐、低位水箱、增压装置、变频调速泵组、变频控制柜、管道、阀门及仪表组成。低位水箱在用水高峰时可补充供水管网水量不足，满足用户用水需要	适用于对供水保证率要求较高的用户；适用于短时停水或压力过低场所
高位调蓄式	主要由稳流罐、流量控制器、高位水箱、工频或变频调速泵组、控制柜、管道、阀门及仪表组成。高位水箱可调节流量和稳定压力	适用于有瞬时大流量用水工况的用户；适用于要求用水压力稳定的场所；当供水管道、设备电源、机械等故障时，可利用高位水箱保持短时正常供水
管中泵式	主要由变频调速泵组、变频控制柜、管道、阀门及仪表组成。设备体积小，节约用地	适用于供水流量充足，但压力不能满足用户水压要求的场所；适用于站房面积小的场所；适用于对防噪声有较高要求的场所

· 21 ·

2.3.3 设计计算

1) 核算所接市政供水管的直径

在市政供水管道上接叠压供水设备的首要条件是市政供水管网供水充足,为此应该对叠压供水设备的取水量与所接市政供水管网的输水量之间的比例关系加以限制,具体反映在对市政供水管与叠压供水设备进水管直径的限制。一般情况下,叠压供水设备进水管直径宜比市政供水管直径小 2 级或 2 级以上,也可按表 2-3 选用。

叠压供水设备进水管管径(单位:mm) 表 2-3

市政供水管网管径	叠压供水设备进水管管径	市政供水管网管径	叠压供水设备进水管管径
100	≤65	300	≤150
150	≤80	350	≤200
200	≤100	400	≤250

2) 核算叠压供水设备进水管的过水能力

(1) 进水管控制流量 Q_{con}

《叠压供水技术规程》(CECS 221:2012)推荐供水主泵进水管的流速不大于 1.2m/s。以该流速作为水泵进水管控制流量 Q_{con} 的计算流速。

(2) 进水管理论最大过水流量 Q_{max}

设有 1 座采用叠压供水设备的泵房,如图 2-17 所示。

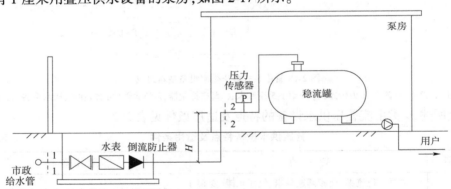

图 2-17 叠压供水设备计算示意图

在市政给水接管点和设备进口装压力传感器处分别做两个截面——1-1 与 2-2,根据伯努利方程,有:

$$Z_1 + \frac{P_1}{\gamma} + \frac{v_1^2}{2g} = Z_2 + \frac{P_2}{\gamma} + \frac{v_2^2}{2g} + h_f \tag{2-13}$$

式中:Z_1、Z_2——分别为两截面高程值(m);

γ——水的容重,取 9.8kN/m³;

$\dfrac{P_1}{\gamma}$——市政供水接管点处的静压水头(m),$\dfrac{P_1}{\gamma} = \dfrac{P_{市政}}{0.0098}$,其中 $P_{市政}$ 为市政供水接管点处的静压水头(MPa);

$\dfrac{P_2}{\gamma}$——设备进口装压力传感器处的静压水头(m),$\dfrac{P_2}{\gamma} = \dfrac{P_{yc}}{0.0098}$,其中,$P_{yc}$ 为设备进

口装压力传感器处的水压(MPa);

v_1、v_2——两截面处的水流速度(m/s),若进水管管径不变,有 $v_1 = v_2$;

g——重力加速度(m/s²);

h_f——设备进水管从市政接管点至设备进口段的水头损失(m)。

$$h_f = h_i + h_j \tag{2-14}$$

式中:h_i——进水管的沿程水头损失(m), $h_i = ALQ^2$,其中,A 为进水管的比阻值,L 为进水管的管长(m),Q 为进水管流量(m³);

h_j——进水管的局部水头损失(m),其中,水表和倒流防止器的局部水头损失比较大,单独计算,其他项目的局部水头损失可取沿程水头损失的20%,即 $0.2ALQ^2$。

代入式(2-14),有:

$$h_f = h_{表} + h_{倒} + 1.2ALQ^2 \tag{2-15}$$

式中:$h_{表}$——水流通过水表的局部水头损失(m);

$h_{倒}$——水流通过倒流防止器的局部水头损失(m),双止回阀型倒流防止器不超过7m,减压型倒流防止器为 7~10m,低阻力倒流防止器可取 3m。

联立式(2-13)和式(2-15),有:

$$Q = \sqrt{\frac{\frac{P_{市政} - P_{yc}}{0.0098} - (H_{yc} + h_{表} + h_{倒})}{1.2AL}} \tag{2-16}$$

式中:H_{yc}——其值为 $Z_2 - Z_1$;

$h_{表}$——其值为 $\frac{Q^2}{K_b}$,其中,K_b 为水表的特性系数,旋翼式水表取 $\frac{Q_{max}^2}{100}$,螺翼式水表取 $\frac{Q_{max}^2}{10}$,Q_{max}^2 为水表过载流量(m³/h)。

用户用水高峰到来时,市政给水往往处于供水正常水压的下限 $P_{市政低}$。若将市政供水正常压力的下限 $P_{市政低}$、压力传感器的最小允许设定值 $P_{yc} = 0$(即不产生负压)代入式(2-16),即得到使水泵进水管不产生负压的允许最大过水流量 Q_{max}:

$$Q_{max} = \sqrt{\frac{\frac{P_{市政低}}{0.0098} - (H_{yc} + h_{表} + h_{倒})}{1.2AL}} \tag{2-17}$$

3)稳流罐调节容积

当管网供水量大于设备设计流量时,稳流罐调节容积按不小于1min 的设备设计流量确定。

当管网供水量在用水高峰期小于设备设计流量时,稳流罐调节容积可按下式确定:

$$V = (Q_D - Q_{max}) \times \Delta T \tag{2-18}$$

式中:V——稳流罐调节容积(m³);

Q_D——设备设计流量(m³/h);

Q_{max}——供水管网在最低服务水压下的水量(m³/h);

ΔT——用水高峰持续时间(h),一般取 3~30min。

4)水泵

供水主泵的扬程可按下式计算:

$$H = \frac{P_{出} - P_{市政}}{0.0098} + H_c + h_{表} + h_{倒} + 1.2ALQ^2 \tag{2-19}$$

式中：$P_{出}$——水泵出口设定的压力值（MPa）；

H_c——水泵中心与市政供水接管点的高差（m），当水泵中心比市政供水接管点高时为正，反之为负。

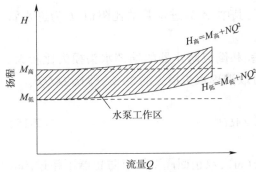

图 2-18 运行水泵流量-扬程（Q-H）关系曲线

若令 $M = \frac{P_{出} - P_{市政}}{0.0098} + H_c + h_{表} + h_{倒}$，$N = 1.2AL$，则有：

$$H = M + NQ^2 \tag{2-20}$$

市政供水系统常在低压力 $P_{市政低}$ 到高压力 $P_{市政高}$ 范围内工作，将 $P_{市政低}$ 和 $P_{市政高}$ 分别代入式（2-20）得到 $H_{低} = M_{低} + NQ^2$ 和 $H_{高} = M_{高} + NQ^2$。图 2-18 中，两条曲线间的部分就是供水主泵在 $P_{市政低}$ 和 $P_{市政高}$ 之间变化时的工作区。

2.4 气压供水

气压供水设备由水泵、密闭储罐以及附件组成，由水泵将水压入罐体，利用罐内贮存气体可压缩和膨胀的性能，将罐内贮存的水压至管网中各配水点。

气压供水系统由低位水箱（池）、水泵、气压水罐、管路、电控系统、阀门仪表等配套附件组成，见图 2-19。

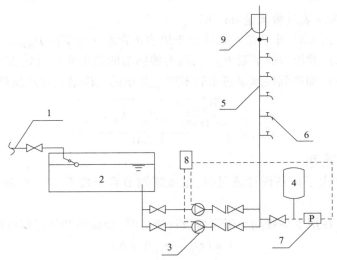

图 2-19 气压供水系统基本组成示意图

1-低位水箱（池）进水管；2-低位水箱（池）；3-水泵；4-气压水罐；5-二次增压供水管网；6-用水设备；7-压力传感器；8-电器控制柜（箱）；9-自动排气阀

自 20 世纪 90 年代中期开始，随着变频调速恒压供水技术的出现及推广应用，气压供水设备已基本不再在生活供水系统中使用，仅少量用于偏远地区工业与民用建筑消防给水。

2.4.1 气压供水设备组成及工作原理

1）设备组成

气压给水设备一般由水泵、钢制密闭容器（气压罐）、电气控制设备以及附件等组成，如图 2-20 所示。气压给水设备的核心设备是气压罐，由筒体、上下封头、检查孔、支座等构成；主要附件包括止回阀、安全阀、液位计、压力传感器、减压阀等。

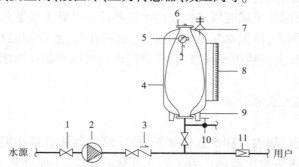

图 2-20 气压供水设备简图

1-闸阀；2-水泵；3-止回阀；4-气压罐；5-压力传感器；6-封头；7-安全阀；8-液位计；9-支座；10-泄水阀；11-减压稳压阀（根据需要设置）

2）工作原理

气压供水是根据波义耳-马略特定律（在温度一定的条件下，密闭容器中气体的压力与容积成反比）实现的。如图 2-21 所示，当水泵工作时，一部分水被加压进入给水管网，多余的水进入气压水罐，将罐内的气体压缩，气室容积由 V_1 缩小至 V_2，水室容积增加了 V_{q2}，罐内气体压力由 P_1 升高至 P_2，此时水泵停止运转，完成储水加压阶段；用户用水，管网压力降低，罐内压力由 P_2 降至 P_1，气室的容积由 V_2 增大至 V_1，水室的容积减小了 V_{q2}，该部分水被送入给水管网，此时完成输水减压阶段；水泵重新启动完成上述工作，如此周而复始，不断运行。

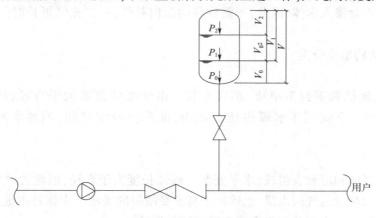

图 2-21 气压罐工作原理

2.4.2 气压供水设备的分类

1）按压力工况分类

（1）变压式

变压式气压供水设备的供水压力在最高工作压力和最低工作压力间变化，供水系统也在供水压力变化状态下工作。变压式是气压供水一般采用的形式,缺点是供水压力不稳定,常用在用户对水压没有特殊要求的场合,变压式气压水罐最低工作压力 P_1 和最高工作压力 P_2 的比值一般为 0.45~0.85,故 P_2 约为 P_1 的 1.18~2.22 倍,可见该系统的工作压力波动较大。

(2)定压式

定压式气压供水设备的供水压力在给水系统输水过程中是相对稳定的,故又称恒压式。具体做法是在气、水同罐的单罐变压式气压供水设备的供水管上安装压力调节阀,将阀门出口压力控制在要求范围内,使供水压力相对稳定;也可在气、水分罐的双罐变压式气压供水设备的压缩空气连通管上安装压力调节阀,将阀门出口气压控制在要求范围内,以使供水压力稳定。

2)按照气、水的相互关系分类

(1)气、水接触式

气、水接触式是指储罐内气和水直接接触,被压缩的气体直接作用于水面上,气体可以溶解、渗入水体,并随水流逸出罐体。为了补充气体的流失,需要经常补气。为了保证罐体和水体不受污染,气、水接触式气压给水设备的进气口常需配置空气过滤装置。

(2)气、水半接触半分离式

气、水半接触半分离式是指储罐内气和水一部分接触而另一部分分离,是气、水接触式向气、水分离式发展过程中的一种过渡形式。例如浮板式气压给水设备,浮板一般为塑料或木材质,置于水面之上,浮板比罐体内径略小,随水面升降而上下浮动,大部分气、水接触面被浮板隔断,但气、水未完全隔绝。该产品为过渡产品,目前已不再使用。

(3)气、水分离式

气、水分离式是指储罐内气和水被隔膜完全隔开,不直接接触。隔膜用橡胶、塑料或金属膜片制成,通过法兰或粘接固定。气、水分离式工作原理与气、水接触式相同,由于气、水不相接触,气体不会渗入水体,因此,不需经常向罐内补气,一次充气可长时间使用,水质不受空气污染。

3)按罐体结构形式分类

(1)立式

由上封头、罐体和下封头组成,垂直安装。由于罐体高度大于直径,因此无效容积所占的比例较少。立式气压水罐占地面积小,能充分利用空间,但要求有足够的安装高度。

(2)卧式

由前封头、罐体和后封头组成,水平安装。罐体长度大于直径,因此无效容积所占的比例较大,常用于大容量的气压水罐,也适用于高度受限制的场所。为弥补占地面积大的缺点和充分利用上部空间,也有采用组合式双卧式罐的形式。

(3)球形

由六边形或五边形钢板焊接拼装成球体。具有技术先进、经济合理、节省材料、外形美观的优点,可用于特殊工程,起到装饰作用。

4)其他分类形式

按罐体数量分为单罐式与双罐式气压供水设备。按用途分为生活、生产和消防气压供水设备。按与供水对象的位置关系分为低位式、中位式、高位式;按设计压力分为低压(0.40~0.60MPa)、中压(0.80~1.00MPa)、高压(1.20MPa)、超高压(1.58MPa)。

目前,应用最广的为补气式与隔膜式,下面着重介绍这两种气压供水设备。

2.4.3 补气式气压供水设备

1)设备构造

补气式气压供水设备由贮水箱(水池)、水泵、气压水罐、补气罐、排气阀、止气阀、电控箱、电接点压力表(压力传感器)、管路及附件等组成,如图2-22所示。目前常见的有立式、卧式、球形共3种。

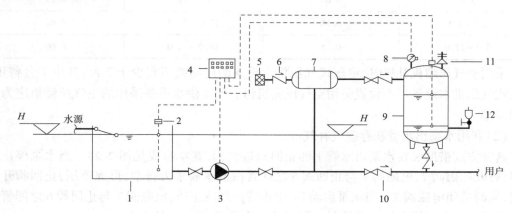

图2-22 补气式气压供水设备基本组成示意图

1-贮水池;2-液位器;3-水泵;4-控制器;5-过滤器;6-补气止回阀;7-补气罐;8-电接点压力表;9-气压罐;10-止回阀;11-安全泄压阀;12-自动排气阀

2)工作原理

当水泵3启动后,贮水池1中的水被送入气压水罐7和管网。随着水泵的持续运转,管网用水量小于水泵出水量时,气压水罐中的水位逐渐上升。罐内的空气受到压缩,其压力随着水位的升高不断增大。其压力变化情况可以通过电接点压力表8的读数表现出来。当压力达到预先确定的压力上限值时,电接点压力表切断电源,水泵立即停止工作。当管网用水时,气压水罐中的水在罐内压缩空气的压力作用下,经阀门和管网送至用户。随着气压水罐内水的不断输出,水位不断下降,罐内空气体积增大,压力降低,当压力降至事先确定的压力下限值时,电接点压力表接通电源,水泵启动,向管网及气压水罐供水。如此周而复始,完成气压供水设备的供水与调节过程。

3)补气技术

在补气式气压供水设备的气压水罐内,上部的空气与下部的水直接接触,中间无任何隔离物。由于气、水接触,罐内空气在运行过程中逐渐损失,需要随时补气。补气的方法有很多:允许停水时,可采用开启罐顶进气阀、泄空罐内存水的简单补气法;不允许停水时,常用的补气方式有利用空气压缩机补气、利用水泵出水管积存空气补气、水射器补气和补气罐自动补气等。

(1)利用空气压缩机补气

空气压缩机补气是较早采用也是较为简单的一种补气方式。在运行过程中,由于罐内空气量不断减少,当水位超过最高工作压力的水位时,一般在最高水位以上20～30mm处设置一个水位电极,当超出水位电极高度时,水位继电器启动空气压缩机向罐内补气,使水位下降;当水位降低至原设计最高水位时,空气压缩机关闭,停止补气。

空气压缩机性能应根据气压罐总容积和罐内压力而定。其工作压力宜为罐内最高工作压力的1.2倍。气压罐补气量一般很小,选用小型空气压缩机即可满足补气要求。补气空气压缩机排气量可按表2-4选用。

补气空气压缩机选择 表2-4

气压罐总容积(m^3)	空气压缩机排气量(m^3/min)	气压罐总容积(m^3)	空气压缩机排气量(m^3/min)
3.0	0.05	11.5～16.5	0.25
3.5～5.5	0.10	17.0～29.5	0.40
6.0～11.0	0.15	30.0～45.0	0.60

采用空气压缩机补气时,定压式气压供水设备的压缩机不宜少于2台,其中1台备用;变压式气压供水设备可不设置备用空气压缩机组。气压供水设备采用的空气压缩机应为无油润滑型。

(2)利用水泵出水管积存空气补气

这种方式借助装在水泵出水管上的止回阀进气,其基本组成见图2-23。当水泵停止工作时,打开电磁阀7,电磁阀7与止回阀6之间管段的水靠重力排空,形成负压,止回阀开启进气,同时关闭电磁阀7。当水泵启动后,出水管内形成正压,电磁阀7与止回阀6之间管段的空气被压入气压罐内而实现补气。每启动一次水泵,补入一次空气。

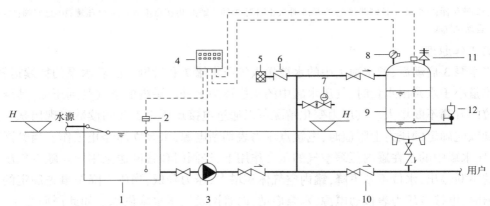

图2-23 利用水泵出水管积存空气补气的基本组成

1-贮水池;2-液位器;3-水泵;4-控制器;5-过滤器;6-补气止回阀;7-电动泄水阀;8-电接点压力表;9-气压罐;10-止回阀;11-安全泄压阀;12-自动排气阀

(3)水射器补气

采用水射器补气时,需要在水泵出水管上接一个旁通管,并在旁通管上安装水射器,水射器出口接入气压水罐的空气腔,在气压水罐的空气腔壁上安装一个自动排气阀。其基本组成见图2-24。当水泵运行时,水泵出水从旁通管流过,水射器产生负压,吸入空气补入罐内。调节出水管上阀门的开启度,即可控制进入水射器的空气量。若补入罐内的空气过量,则通过自动排气阀排出罐外,以维持罐内正常水位。

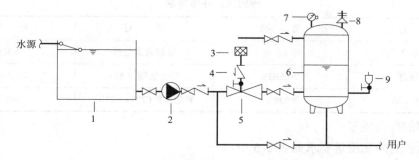

图 2-24 水射器补气的基本组成示意图
1-贮水池;2-水泵;3-过滤器;4-补气止回阀;5-水射器;6-气压罐;7-压力表;8-安全阀;9-自动排气阀

(4)补气罐自动补气

增设补气罐可以增大补气量。一般补气罐容积约为气压罐容积的 2%。补气罐应设置于贮水池最高水位以上 200mm。

4)排气和止气技术

补气式气压供水设备一般设有排气阀和止气阀。当气压水罐内的空气压力超过原设计压力值时,排气阀将多余的空气排出。当气压水罐内水位降至设计最低水位以下时,阻止空气从出水口排出。排气阀和止气阀可保证气压供水设备的设计调节水量和设备的安全运行。排气方式分为手动和自动两种:

①手动排气是由管理人员定期打开排气阀放出多余空气。

②自动排气是在水位处于最低水位以下时,由自动排气阀自动排出罐内多余空气。自动排气阀装设在最低工作水位以下;或在最低工作水位下处设电触点,发出动作信号使电磁阀动作并排气。

2.4.4 隔膜式气压供水设备

1)设备构造及原理

隔膜式气压供水设备的气压罐内装设橡胶隔膜,将水与空气分开,预先充入压缩空气,使隔膜压缩;当设备工作时,压力水进入气压罐内,隔膜充水膨胀,压缩隔膜外部空气;向管网供水时,压缩空气挤压隔膜,使其水室中的水受压而进入管网。隔膜式气压供水设备的构造如图 2-25 所示。

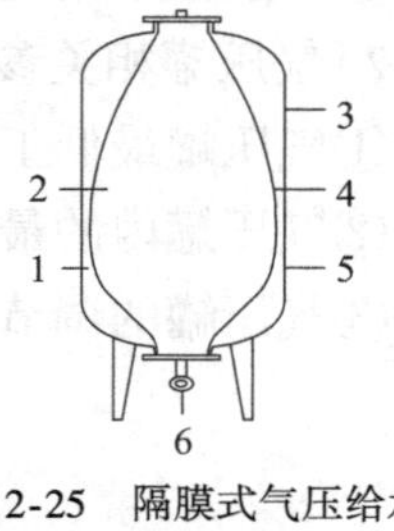

2)隔膜材料

可用于制作隔膜的材料有橡胶、塑料和金属。金属、塑料及橡胶隔膜材质均不应造成二次污染,应符合现行《生活饮用水输配设备及防护材料的安全性评价标准》(GB/T 17219—1998)。

图 2-25 隔膜式气压给水设备的构造
1-气室;2-水室;3-充气口;4-橡胶隔膜;5-气压罐;6-进出水口

3)隔膜性能要求

隔膜的性能直接关系到隔膜的使用寿命、补气周期和水质。隔膜应有一定的强度和硬度,良好的柔性和弹性,具有一定的伸长率和良好的抗曲挠性能。隔膜应不渗水、不渗气,有良好的气密性。隔膜材料应无毒、无味、无异嗅、无害、色泽均匀、对饮用水水质无污染。隔膜还应有良好的抗老化性能。橡胶隔膜的性能要求如表 2-5 所示。

橡胶隔膜性能要求　　　　　　　　　　表2-5

项 目	指 标	项 目	指 标
硬度（邵尔A型）	60±5度	扯断永久变形	≥30%
拉伸强度	≥15MPa	曲挠龟裂（3级）	≥20万次
扯断伸长率	≥550%	老化系数（70℃×72h）	≥0.70

4）隔膜的外观质量

橡胶隔膜的外观质量要求如表2-6所示。

橡胶隔膜性能要求　　　　　　　　　　表2-6

项 目	指 标	项 目	指 标
海绵	不允许	鼓泡	曲挠处不允许；其他部位不超过10处，每处深度≤1.5mm，直径<5mm
龟裂	不允许	接口错位	不超过1.5mm
气眼	不允许	杂质	累计面积≤100mm，深度≤2mm
砂眼	不允许		

5）隔膜固定形式

隔膜固定方式有法兰固定、模压粘接固定两种。大多数采用法兰固定方式，少数使用模压粘接固定方式。

2.4.5 气压供水设备选型及相关参数的计算

1）气压供水设备选型

①一般宜选用胆囊形隔膜式气压罐；当选用补气式气压罐时，其环境应满足无灰尘、无粉尘和无不清洁空气等条件，而且宜采用限量补气或自平衡限量补气式气压罐。

②一般宜采用立式气压罐，条件不允许时也可采用卧式气压罐。

③一般宜采用变压供水方式，当供水压力有恒定要求时采用定压式气压供水方式。

2）气压罐相关参数的计算

①气压罐最低工作压力，应满足最不利配水点所需压力。

②气压罐内的最高工作压力，不得使管网最大水压处配水点的水压高于0.55MPa。

③气压罐的调节容积按下式计算：

$$V_{q2} = \frac{\alpha_a q_b}{4n_q} \tag{2-21}$$

式中：V_{q2}——气压罐的调节容积（m³）；

q_b——辅泵的平均流量（m³/h）；

α_a——安全系数，宜取1.0~1.3；

n_q——水泵在1h内的启动次数，宜取6~8。

④气压罐总容积按下式计算：

$$V_q = \frac{\beta V_{q1}}{1-\alpha_b} \tag{2-22}$$

式中：V_q——气压罐的总容积(m^3)；

V_{q1}——气压罐的水容积(m^3)，应大于或等于调节容积；

α_b——气压罐内的工作压力比(以绝对压力计)，宜采用0.65~0.85；

β——气压罐的容积系数，隔膜式气压水罐取1.05。

3）水泵配置原则

工作泵应按供水系统最大小时流量、扬程、设备运行方式等配置，应设自动开关装置并配置备用泵，自动切换。多台运行时，工作泵不宜多于3台，应并联运行。当扬程为最低工作压力和最高工作压力之和的一半时，水泵流量应等于或略大于供水系统所需最大小时用水量的1.2倍，而且应在高效区运行。

【例题2.1】 某住宅小区3幢楼共有240户，每户按3.2人计，用水定额为260L/(人·d)，时变化系数K_h为2.5，采用隔膜式气压供水设备，试计算气压罐总容积。

【解】该住宅小区最高日最大时用水量为：

$$q_h = \frac{mqK_h}{1000T} = \frac{240 \times 3.2 \times 260 \times 2.5}{24 \times 1000} = 20.8(m^3/h)$$

水泵出水量：

$$q_b = 1.2q_h = 1.2 \times 20.8 = 24.96(m^3)$$

安全系数α_a取1.3，水泵在1h内启动次数n_q取6次，则气压罐的调节容积为：

$$V_{q2} = \frac{\alpha_a q_b}{4n_q} = \frac{1.3 \times 24.96}{4 \times 6} = 1.35(m^3)$$

气压罐最低工作压力和最高工作压力之比α_b取0.8，气压罐的容积系数β取1.5，取气压罐的水容积V_{q1}等于气压罐调节容积V_{q2}，则气压罐总容积为：

$$V_q = \frac{\beta V_{q1}}{1-\alpha_b} = \frac{\beta V_{q2}}{1-\alpha_b} = \frac{1.05 \times 1.35}{1-0.8} = 7.10(m^3)$$

第3章 系统设计

3.1 水 量

在二次供水工程系统设计中，常用的几种用水量概念包括：

①平均日用水量，即规划年限内用水量最多的一年的总用水量除以用水天数。该值一般作为二次供水工程水资源规划的依据。

②最高日用水量，即规划年限内用水量最多的一年内，用水量最多的1d的总用水量。该值一般作为二次供水工程规划和设计的依据。

③最大时用水量，即在用水量最高日的24h中，用水量最多的1h的总用水量。该值一般作为二次供水工程管网规划与设计的依据。

④设计秒流量，是在设计二次供水工程管道系统时，卫生器具按最不利组合情况出流时的最大瞬时流量，其计量单位通常为L/s。

3.1.1 用水量计算

1）平均日用水量

根据平均日用水定额和每年的运行天数，可求得规划年限内用水量最多的一年的用水量。规划年限内用水量最多的一年的总用水量除以用水天数，即为平均日用水量。平均日用水量记为 Q_a，观察时段为1年。

2）最高日用水量

最高日用水量按下式计算：

$$Q_d = \sum Q_{di} = \sum m_i q_{di}/1000 \tag{3-1}$$

式中：Q_d——最高日用水量（m^3/d）；

Q_{di}——各类用水的最高日用水量（m^3/d）；

m_i——各类用水单位数（人、床、病床、m^2等）；

q_{di}——各类用水定额[L/(人·d)、L/(床·d)、L/(m^2·d)等]。

3）平均时用水量

最高日平均时用水量简称平均时用水量，为最高日用水量在给水使用时间内以小时计的平均值；若以昼夜计，则为最高日用水量的1/24。

$$Q_p = \sum Q_{di}/T_i = \sum m_i q_{di}/(1000 T_i) \tag{3-2}$$

式中：Q_p——平均小时用水量（m^3/h）；

T_i——各类建筑的用水时间（h）。

平均时用水量的观察时段为1d。

因不同的用水项目使用时间不同，故在计算平均时用水量时，对不同的用水类别采用与其相对应的使用时间。

4）最大时用水量

最大时用水量为用水时间内最大 1h 的用水量。最大时用水量按下式计算：

$$Q_h = K_h Q_p \tag{3-3}$$

式中：Q_h——最大时用水量（m^3/h）；

K_h——小时变化系数；

Q_p——平均小时用水量（m^3/h）。

各类住宅最高日生活用水定额及小时变化系数见表 3-1。

住宅最高日生活用水定额及小时变化系数　　　　　表 3-1

住宅类型	卫生器具设置标准	最高日用水定额（L）	小时变化系数	使用时间（h）
普通住宅	有大便器、洗脸盆、洗涤盆、洗衣机、热水器和沐浴设备	130～300	2.8～2.3	24
普通住宅	有大便器、洗脸盆、洗涤盆、洗衣机、集中热水供应（或家用热水机组）和沐浴设备	180～320	2.5～2.0	24
别墅	有大便器、洗脸盆、洗涤盆、洗衣机、洒水栓、家用热水机组和沐浴设备	200～350	2.3～1.8	24

注：1. 直辖市、经济特区、省会、首府及广东、福建、浙江、江苏、湖南、湖北、四川、广西、安徽、江西、海南、云南、贵州的特大城市（市区和近郊区非农业人口 100 万以上的城市）可取上限；其他地区可取中、下限。
2. 当地主管部门对住宅生活用水标准有规定的，按当地规定执行。
3. 别墅用水定额中含庭院绿化用水、汽车洗车水。
4. 表中用水量为全部用水量，当采用分质供水时，有直饮水系统的，应扣除直饮水用水定额；有杂用水系统的，应扣除杂用水定额。
5. 住宅生活用水定额应根据气候条件、水资源状况、经济环境、生活习惯、住宅类别和建设标准等因素，综合考虑选定。

宿舍、旅馆和公共建筑的生活用水定额及小时变化系数见表 3-2。

宿舍、旅馆和公共建筑的生活用水定额及小时变化系数　　　　　表 3-2

序号	建筑物名称及卫生器具设置标准	单位	最高日生活用水定额（L）	小时变化系数 K_h	使用时数（h）
1	宿舍 　居室内设卫生间 　设公共盥洗卫生间	 每人每日 每人每日	 150～200 100～150	 3.0～2.5 6.0～3.0	 24 24
2	招待所、培训中心、普通旅馆 　设公用盥洗池 　设公用盥洗池、沐浴室 　设公用盥洗池、沐浴室、洗衣室 　设单独卫生间、公用洗衣室	 每人每日 每人每日 每人每日 每人每日	 50～100 80～130 100～150 120～200	 3.0～2.5 3.0～2.5 3.0～2.5 3.0～2.5	 24 24 24 24
3	酒店式公寓	每人每日	200～300	2.5～2.0	24

续上表

序号	建筑物名称及卫生器具设置标准	单 位	最高日生活用水定额(L)	小时变化系数 K_h	使用时数(h)
4	宾馆客房 　　旅客 　　员工	每床位每日 每人每日	250～400 80～100	2.5～2.0 2.5～2.0	24 8～10
5	医疗住院部 　　设公用厕所、盥洗室 　　设公用厕所、盥洗室和沐浴室 　　病房设单独卫生间及沐浴室 　　医务人员 门诊部、诊疗所 　　病人 　　医务人员 疗养院、休养所住院部	每病床每日 每病床每日 每病床每日 每人每班 每病人每次 每人每次 每病床每日	100～200 150～250 250～400 150～250 10～15 80～100 200～300	2.5～2.0 2.5～2.0 2.5～2.0 2.0～1.5 1.5～1.2 2.5～2.0 2.0～1.5	24 24 24 8 8～12 8 24
6	养老院托老所 　　全托 　　日托	每床位每日 每床位每日	100～150 50～80	2.5～2.0 2.0	24 10
7	幼儿园、托儿所 　　有住宿 　　无住宿	每个儿童每日 每个儿童每日	50～100 30～50	3.0～2.5 2.0	24 10
8	公共浴室 　　淋浴 　　淋浴、浴盆 　　桑拿浴(淋浴、按摩池)	每个顾客每次 每个顾客每次 每个顾客每次	100 120～150 150～200	2.0～1.5 2.0～1.5 2.0～1.5	12 12 12
9	理发室、美容院	每个顾客每次	40～100	2.0～1.5	12
10	洗衣房	每千克干衣	40～80	1.5～1.2	8
11	餐饮业 　　中餐酒楼 　　快餐店、职工及学生食堂 　　酒吧、咖啡厅、茶座、卡拉OK房	每个顾客每次 每个顾客每次 每个顾客每次	40～60 20～25 5～15	1.5～1.2 1.5～1.2 1.5～1.2	10～12 12～16 8～18
12	商场 　　员工及顾客	每平方米营业厅面积每日	5～8	1.5～1.2	12
13	图书馆 　　阅览者 　　员工	每座位每次 每人每次	20～30 50	1.5～1.2 1.5～1.2	8～10 8～10

续上表

序号	建筑物名称及卫生器具设置标准	单位	最高日生活用水定额(L)	小时变化系数 K_h	使用时数(h)
14	书店 　　顾客 　　员工	每平方米营业厅面积每日 每人每班	3~6 30~50	1.5~1.2 1.5~1.2	8~12 8~12
15	办公楼 　　坐班制办公 　　公寓式办公 　　酒店式办公	每人每班 每人每日 每人每日	30~50 130~300 250~400	1.5~1.2 2.5~1.8 2.0	8~10 10~24 24
16	教学、实验楼 　　中小学校 　　高等学校	每学生每日 每学生每日	20~40 40~50	1.5~1.2 1.5~1.2	8~9 8~9
17	电影院、剧院 　　观众 　　演职员	每个观众每场 每人每场	3~5 40	1.5~1.2 2.5~2.0	3 3
18	会展中心(博物馆、展览馆) 　　观众 　　员工	每平方米营业厅面积每日 每人每班	3~6 30~50	1.5~1.2 1.5~1.2	8~16 8~16
19	健身中心	每人每次	30~50	1.5~1.2	8~12
20	体育场、体育馆 　　运动员淋浴 　　观众 　　员工	每人每次 每个观众每场 每人每次	30~40 3 3	3.0~2.0 1.2 1.2	4 4 4
21	会议厅	每个座位每次	6~8	1.5~1.2	4
22	航班楼、客运站旅客	每人每次	3~6	1.5~1.2	8~16
23	停车库地面冲洗用水	每平方米每日	2~3	1.0	6~8
24	菜市场冲洗地面及保鲜用水	每平方米每日	10~20	2.5~2.0	8~10
25	科研楼 　　化学 　　生物 　　物理 　　药剂调制	每工作人员每日 每工作人员每日 每工作人员每日 每工作人员每日	460 310 125 310	2.0~1.5 2.0~1.5 2.0~1.5 2.0~1.5	8~10 8~10 8~10 8~10

注:1. 中等院校、兵营等宿舍设置公用卫生间和盥洗室,当用水时段集中时,最高日小时变化系数 K_h 宜取高值(6.0~4.0);其他类型宿舍设置公用卫生间和盥洗室时,最高日小时变化系数 K_h 宜取低值(3.5~3.0)。
2. 除注明外,均不含员工生活用水。员工最高日用水定额为每人每班40~60L,平均日用水定额为每人每班30~45L。
3. 大型超市的生鲜食品区按菜市场用水。
4. 医疗建筑用水中已含医疗用水。
5. 养老院、托儿所、幼儿园的用水定额中含有食堂用水,其他均不含食堂用水。
6. 空调用水应另计。

工业企业建筑生活用水定额为30~50L/(班·人),小时变化系数为1.5~2.5,每班工作时间以8h计。工业企业建筑淋浴用水定额见表3-3。

工业企业建筑淋浴用水定额 表 3-3

车间卫生特征			每人每班淋浴用水定额(L)	备 注
有毒物质	生产性粉尘	其他		
极易经皮肤吸收引起中毒的剧毒物质(如有机磷、三硝基甲苯、四乙基铅)	—	处理传染性材料、动物原料(如皮毛等)	60	淋浴用水延续时间为 1h
易经皮肤吸收或有恶臭的物质,或高毒性物质(如丙烯腈、吡啶、苯酚)	严重污染全身或对皮肤有刺激的粉尘(如炭黑、玻璃棉)	高温作业、井下作业		
其他毒物	一般粉尘(如棉尘)	重作业		
不接触有毒物质及粉尘,不污染或轻度污染身体(如仪器、金属冷加工、机械加工等)			40	

3.1.2 计算设计秒流量

设计秒流量是反映给水系统瞬时高峰用水规律的系统设计流量,以 L/s 计,用于确定给水管管径、计算给水管道系统的水头损失以及选用水泵等。在设计建筑给水系统时,按其服务范围的卫生器具给水当量、使用人数、用水定额、用水时间等因素,计算在高峰用水时段的最大瞬时给水流量作为设计秒流量。卫生器具给水当量,即以污水盆上支管公称直径为 15mm 的水嘴的额定流量(0.2L/s)作为一个当量值,其他卫生器具的额定流量均以它为标准折算成当量值的倍数,即"当量数"。

1) 设计秒流量计算方法

建筑内给水管道设计秒流量的确定方法有以下 3 种。

(1) 经验法

经验法是设计秒流量的第一阶段。这种计算法早期在英国用于仅有少数卫生器具的私用住宅和公用建筑中,按照卫生器具数量来确定管径,或以卫生器具全部给水流量与假定设计流量间关系的经验数据来确定管径。经验法没有区分建筑物的类型、标准、用途和卫生器具的种类、使用情况、所在层数和位置等因素。经验法具有简捷方便的优点,可用来确定管径,但不够精确,不能计算水头损失。

(2) 平方根法

平方根法是设计秒流量的第二阶段,此法曾在德国、苏联用于计算建筑给水管设计流量。该方法以普通水龙头在流出水头为 2m 时的流量(0.20L/s)作为一个理想器具的给水当量,其他类型的卫生器具配水龙头的流量按比例换算成相应的器具给水当量数。器具给水当量总数的平方根与设计秒流量成正比。当量数达到某一数值时,流量的增值极少。平方根法考虑了建筑物用途、当量总数和卫生器具给水流量等因素,相比经验法是一大进步。但平方根法忽略了建筑物内卫生器具的完善程度、用水量定额、用水人数、生活习惯等因素与设计流量的关系。

(3) 概率法

概率法是设计秒流量的第三阶段。概率法是由美国 Hunter 于 1924 年提出的一种运用概率理论确定建筑给水管道的设计流量的方法。其基本论点是:影响建筑给水流量的主要参数为该建筑的给水系统中的卫生器具总数量(n)和放水使用概率(p);在一定条件下遵循随机事件概率分布;由于 n 为正整数,放水使用概率 p 满足 $0<p<1$,给水流量的概率分布符合二项分布规律。

该方法需以大量卫生器具使用频率实测工作为基础。目前一些发达国家主要采用概率法建立设计秒流量公式,结合经验数据制成图表供设计使用,十分简便。概率法考虑了经验法、平方根法两种方法忽视的影响给水流量值的因素,更精确、更合理。

2)设计秒流量的计算

《建筑给水排水设计规范》(GB 50015—2003)在我国首次规定了给水设计秒流量的概率计算方法。不足的是,该版本及随后的 2009 年局部修订版、2019 年修订版采用的是苏联的概率计算方法。根据这一方法确立的给水设计秒流量计算公式以平方根法公式为原型,加以概率修正。

《建筑给水排水设计标准》(GB 50015—2019)的生活给水管道设计秒流量按用水特点分为两种类型:一种为用水分散型,如住宅、宿舍(居室内设卫生间)、旅馆、酒店式公寓、医院、幼儿园、办公楼等,其特点是用水时间长、用水设备使用不集中、卫生器具的同时出流概率随卫生器具的增加而减少;另一种是用水密集型,如宿舍(设公用盥洗卫生间)、工业企业生活间、公共浴室、洗衣房、公共食堂、实验室、影剧院、体育场等,采用同时给水百分数计算方法。

①住宅建筑的生活给水管道的设计秒流量的计算公式

$$q_g = 0.2UN_g \tag{3-4}$$

式中:q_g——计算管段的设计秒流量(L/s);

U——计算管段的卫生器具给水当量同时出流概率(%);

N_g——计算管段的卫生器具给水当量总数。

设计秒流量根据建筑物配置的卫生器具给水当量和管段的卫生器具给水当量同时出流概率确定。而管段的卫生器具给水当量同时出流概率与卫生器具的给水当量和其平均出流概率(U_0)有关。卫生器具给水当量同时出流概率 U 的计算公式为:

$$U = \frac{1 + \alpha_c (N_g - 1)^{0.49}}{\sqrt{N_g}} \tag{3-5}$$

式中:α_c——对应于不同卫生器具的给水当量平均出流概率(U_0)的系数,见表3-4;

N_g——计算管段的卫生器具给水当量总数。

α_c 与 U_0 的对应关系　　　　　表3-4

U_0(%)	$\alpha_c \times 10^{-2}$	U_0(%)	$\alpha_c \times 10^{-2}$
1.0	0.323	4.0	2.816
1.5	0.697	4.5	3.263
2.0	1.097	5.0	3.715
2.5	1.512	6.0	4.629
3.0	1.939	7.0	5.555
3.5	2.374	8.0	6.489

计算管段最大用水时卫生器具给水当量平均出流概率计算公式为:

$$U_0 = \frac{q_0 m K_h}{0.2 N_g T 3600} \tag{3-6}$$

式中:U_0——生活给水配水管道的最大用水时卫生器具给水当量平均出流概率(%);

q_0——最高用水日的用水定额[L/(人·d)],见表3-2;

m——每户用水人数;

K_h——时变化系数,见表3-2;

N_g——每户设置的卫生器具给水当量数;

T——用水小时数(h)。

建筑物卫生器具给水当量最大用水时的平均出流概率参考值见表3-5。

最大用水时的平均出流概率参考值　　　　表3-5

建筑物性质	U_0 参考值	建筑物性质	U_0 参考值
普通住宅Ⅰ型	3.4~4.5	普通住宅Ⅲ型	1.5~2.5
普通住宅Ⅱ型	2.0~3.5	别墅	1.5~2.0

计算时应注意以下问题:

a. 为了计算快速、方便,在计算出 U_0 后,可根据计算管段的 N_g 值从《建筑给水排水设计标准》(GB 50012—2019)附录 C 的计算表中直接查得给水设计秒流量 q_g。无法直接查出时,可用内插法计算求解。

b. 当计算管段上的卫生器具给水当量总数超过有关设定条件时,其设计秒流量应取最大用水时平均秒流量 $0.2U_0 N_g$。

c. 对于有 2 条或 2 条以上具有不同最大用水时卫生器具给水当量平均出流概率的给水支管的给水干管,其最大用水时卫生器具给水当量平均出流概率应取加权平均值,即

$$\overline{U}_0 = \frac{\sum U_{0i} \cdot N_{gi}}{\sum N_{gi}} \tag{3-7}$$

式中:$\overline{U}_0$——给水干管的卫生器具给水当量平均出流概率;

U_{0i}——给水支管的最大用水时卫生器具给水当量平均出流概率;

N_{gi}——相应支管的卫生器具给水当量总数。

【例题3.1】 4 幢多层住宅,其中 3 幢每幢 $N_g = 160$、$U_0 = 3.5\%$,1 幢 $N_g = 80$、$U_0 = 2.5\%$,计算各管段设计流量。

【解】(1)3 幢住宅(每幢 $N_g = 160$、$U_0 = 3.5\%$)总的设计秒流量为:

$$160 \times 3 = 480(\text{L/S})$$

①计算法

按式(3-5)计算卫生器具给水当量同时出流概率:

$$\frac{1 + 0.02374(480 - 1)^{0.49}}{\sqrt{480}} = 0.0679$$

按式(3-4)计算设计秒流量:

$$0.2 \times 0.0679 \times 480 = 6.5(\text{L/s})$$

②查表法

查《建筑给水排水设计标准》(GB 50015—2019)附录 C,查得 $N_g = 480$、$U_0 = 3.5\%$ 时的设计秒流量为 6.52L/s。

(2)4 幢住宅总的设计秒流量:

$$160 \times 3 + 80 = 560$$

①计算法：

第一步：按式(3-7)计算最大用水时卫生器具给水当量平均出流概率。

$$\bar{U}_0 = \frac{\sum U_{0i} N_{gi}}{\sum N_{gi}} = \frac{3.5 \times 480 + 2.5 \times 80}{480 + 80} = 3.357\%$$

第二步：查表3-4，并用内插法求得对应于不同平均出流概率 U_0 的系数 α_c：

$$\alpha_c = 0.01939 + (0.02374 - 0.01939) \times (3.357 - 3.0)/(3.5 - 3.0) = 0.0225$$

第三步：计算卫生器具给水当量同时出流概率 $U(\%)$：

$$U = \frac{1 + \alpha_c (N_g - 1)^{0.49}}{\sqrt{N_g}} = \frac{1 + 0.0225(560 - 1)^{0.49}}{\sqrt{560}} = 0.06336$$

第四步：计算设计秒流量：

$$q_g = 0.2 U N_g = 0.2 \times 0.06336 \times 560 = 7.1 (\text{L/s})$$

②查表法：

查《建筑给水排水设计标准》(GB 50015—2019)附录C，使用内插法计算得 $N_g = 560$、$U_0 = 3.357\%$ 时的设计秒流量为 7.1L/s。

② 宿舍(居室内设卫生间)、旅馆、宾馆、酒店式公寓、门诊部、诊疗所、医院、疗养院、幼儿园、养老院、办公楼、商场、图书馆、书店、客运楼、航站楼、会展中心、教学楼、公共厕所等建筑的生活给水设计秒流量计算公式为：

$$q_g = 0.2 \alpha \sqrt{N_g} \tag{3-8}$$

式中：α——根据建筑物用途确定的系数，见表3-6。

根据建筑物用途确定的系数(α)值　　　表3-6

建筑物名称	α 值	建筑物名称	α 值
幼儿园、托儿所、养老院	1.2	教学楼	1.8
门诊部、诊疗所	1.4	医院、疗养院、休养所	2.0
办公楼、商场	1.5	酒店式公寓	2.2
图书馆	1.6	宿舍(居室内设卫生间)、旅馆、招待所、宾馆	2.5
书店	1.7	客运站、航站楼、会展中心、公共厕所	3.0

计算时应注意以下几点：

a. 如计算值小于该管段上一个最大卫生器具给水额定流量时，应采用最大的卫生器具给水额定流量作为设计秒流量。

b. 计算值大于该管段上按卫生器具给水额定流量累加所得流量值时，应取卫生器具给水额定流量累加所得流量值。

c. 有大便器延时自闭冲洗阀的给水管端，大便器延时自闭冲洗阀的给水当量均以 0.5 计，以计算得到的 q_g 加 1.20L/s 的流量作为该管段的给水设计秒流量。

d. 综合性建筑总的秒流量系数(α_z)按下式计算：

$$\alpha_z = \frac{\alpha_1 N_{g1} + \alpha_2 N_{g2} + \cdots + \alpha_i N_{gi}}{N_{g1} + N_{g2} + \cdots + N_{gi}} \tag{3-9}$$

式中：α_z——综合性建筑总的秒流量系数；

N_{gi}——综合性建筑内各类卫生器具的给水当量数，$i = 1, 2, \cdots, n$；

α_i——相当于 N_{gi} 时的设计秒流量系数。

【例题 3.2】 100 间、每间 2 床的宾馆,用水定额为 0.4m^3/人。每间设置坐便器($N_g=0.5$)、洗脸盆($N_g=0.75$)、大流量淋浴盆($N_g=2$)各 1 件,每间 $N_g=3.25$、$K_h=2.5$,求引入管的设计秒流量。

【解】
$$q_g = 0.2 \times 2.5 \times \sqrt{3.25 \times 100} = 9.0 \text{L/s}$$

③宿舍(设公用盥洗卫生间)、工业企业生活间、公共浴室、职工(学生)食堂或营业餐馆的厨房、体育场馆、剧院、普通理化实验室等的生活给水管道的设计秒流量计算公式为:

$$q_g = \Sigma q_0 \cdot n_0 \cdot b \tag{3-10}$$

式中:q_g——计算管段的给水设计秒流量(L/s);

q_0——卫生器具给水额定流量(L/s);

n_0——卫生器具数;

b——卫生器具的同时给水百分数(%),见表 3-7 ~ 表 3-10。

宿舍(设公用盥洗卫生间)、工业企业生活间、公共浴室、影剧院、体育场馆等的卫生器具同时给水百分数(单位:%) 表 3-7

卫生器具名称	宿舍(设公用盥洗卫生间)	工业企业生活间	公共浴室	影剧院	体育场馆
洗涤盆	—	33	15	15	15
洗手盆	—	50	50	50	(70)50
洗脸盆、盥洗槽水嘴	5~100	60~100	60~100	50	80
浴盆	—	—	50	—	—
无间隔淋浴器	20~100	100	100	—	100
有间隔淋浴器	5~80	80	60~80	(60~80)	(60~100)
大便器冲洗水箱	5~70	30	20	50(20)	70(20)
大便槽自动冲洗水箱	100	100	—	100	100
大便器自闭式冲洗阀	1~2	2	2	10(2)	5(2)
小便器自闭式冲洗阀	2~10	10	10	50(10)	70(10)
小便器(槽)自动冲洗水箱	—	100	100	100	100
净身盆	—	33	—	—	—
饮水器	—	30~60	30	30	30
小卖部洗涤盆	—	—	50	50	50

注:1. 表中括号内的数值用于电影院、剧院的化妆间和体育场馆运动员休息室。
2. 健身中心的卫生间可采用本表中体育场馆运动员休息室的同时给水百分率。

职工食堂、营业餐馆厨房设备同时给水百分数(单位:%) 表 3-8

厨房设备名称	同时给水百分数	厨房设备名称	同时给水百分数
污水盆(池)	50	器皿洗涤机	90
洗涤盆(池)	70	开水器	50
煮锅	60	蒸汽发生器	100
生产性洗涤机	40	灶台水嘴	30

注:职工或学生饭堂的洗碗台水嘴按 100% 同时给水,但不与厨房用水叠加。

实验室化验水嘴同时给水百分数(单位:%)　　　　　　　表3-9

水嘴名称	科研教学试验室	生产实验室
单联化验水嘴	20	30
双联或三联化验水嘴	30	50

洗衣房、游泳池卫生器具同时给水百分数(单位:%)　　　　表3-10

卫生器具名称	洗衣房	游泳池
洗手盆	—	70
洗脸盆	60	80
沐浴盆	100	100
大便器冲洗水箱	30	70
大便器自闭式冲洗阀	—	15
大便槽自动冲洗水箱	—	100
小便器手动冲洗阀	—	70
小便器自动冲洗水箱	—	100
小便槽多孔冲洗管	—	100
小卖部的污水盆	—	50
饮水器	—	30

计算中应注意以下几点：

a. 如计算值小于管段上最大的卫生器具给水额定流量时,应采用该最大的卫生器具给水额定流量作为设计秒流量。

b. 大便器延时自闭冲洗阀应单列计算,当单列计算值小于1.2L/s时,以1.2L/s计；大于1.2L/s时,以计算值计。

c. 仅对有同时使用可能的设备进行叠加。

3.2 水　　压

卫生器具配水出口在单位时间流出的水量称为额定流量。各种配水装置为克服给水配件内摩擦、冲击及流速等阻力,其额定出流流量所需的最小静水压力称为最低工作压力。当给水系统水压满足某一配水点所需水压时,系统中其他用水点的压力均能满足,则称该点为给水系统的最不利配水点。

按照建筑物层数估算给水系统水压时,一般要求：一层10m,二层12m,二层以上每增加一层增加4m。此估算方法一般适用于层高不超过3.5m的建筑。

给水系统的水压(自室外引入管起点管中心高程算起)应保证最不利配水点具有足够的流出水头。计算公式如下：

$$H = H_1 + H_2 + H_3 + H_4 \tag{3-11}$$

式中：H——建筑内给水系统所需的水压(kPa)；

H_1——引入管起点至最不利配水点所要求的静水压(kPa)；

H_2——引入管起点至最不利配水点的给水管路(即计算管路)的沿程与局部水头损失之和(kPa);

H_3——水流通过水表时的水头损失(kPa);

H_4——最不利配水点所需的最低工作压力(kPa)。

3.2.1 给水管道水力计算

1) 确定管径及流速

在求得各管段的设计秒流量后,即可求得管径,计算式如下:

$$d_j = \sqrt{\frac{4q_g}{\pi v}} \tag{3-12}$$

式中:d_j——计算管段的管内径(m);

q_g——计算管段的设计秒流量(m³/s);

v——管道水流速(m/s)。

当计算管段的流量确定后,流速的大小将直接影响管道系统技术、经济的合理性。流速过大易产生水锤,引起噪声,损坏管道或附件,增加管道的水头损失,使建筑内给水系统所需压力增大;流速过小将造成管材浪费。考虑上述因素,建筑物内给水管道水流速度一般按照表3-11选取。

给水管道水流速度表 表3-11

公称直径(mm)	15~20	25~40	50~70	≥80
水流速度(m/s)	≤1.0	≤1.2	≤1.5	≤1.8

注:1. 当防噪声要求较高时,生活给水管的水流速度可适当降低1~2档。
2. 水泵吸水管路的流速宜采用1.0~1.2m/s,出水管路水流速度宜采用1.5~1.8m/s。

除表3-11外,也可以参考表3-12选取水流速度。

不同功能、管材、管径时水流速度表 表3-12

管道功能类型、管材	水流速度
卫生器具的配水支管	0.6~1.0m/s
卫生器具的横向配水管	DN≥25mm时,0.8~1.2m/s
环形管、干管和立管	1.0~1.8m/s,且≤2m/s
铜管	DN≥25mm时,0.8~1.5m/s;DN<25mm时,0.6~0.8m/s;不宜大于2m/s
薄壁不锈钢管	DN≥25mm时,1.0~1.5m/s;DN<25mm时,0.8~1.0m/s;不宜大于2m/s
PP-R(无规共聚聚丙烯)管	1.0~1.5m/s,不宜大于2m/s
PVC-C(氯化聚氯乙烯)管	外径≤32mm时,<1.2m/s;40mm≤外径≤75mm时,<1.5m/s;外径≥90mm时,<2.0m/s

在给水管道系统设计中,当流速较高时,选用的管道造价较低;但相应的管道系统水头损失加大,供水所需要的压力较大,其经常性运行费用较高。

2) 计算沿程水头损失

给水管道的沿程水头损失按式(3-13)计算:

$$h_i = iL \tag{3-13}$$

式中:h_i——沿程水头损失(kPa);

L——管道计算长度(m);

i——管道单位长度水头损失(kPa/m)。

管道单位长度水头损失 i 有以下几种计算方法：

①海曾-威廉公式,适用于较大口径(管道计算内径大于或等于50mm)、中等流速(小于或等于3m/s),计算公式如下：

$$i = 105 C_h^{-1.85} d_j^{-4.87} q_g^{1.85} \tag{3-14}$$

式中：C_h——海曾-威廉系数,塑料管、内衬(涂)塑管取140,铜管、不锈钢管取130,衬水泥、树脂的铸铁管取130,普通钢管、铸铁管取130;

d_j——管道计算内径(m)。

②舍维列夫公式,适用于旧铸铁管和旧钢管紊流过渡区。当流速 $V \geq 1.2$m/s 时：

$$i = 0.00107 \frac{V^2}{d_j^{1.3}} \tag{3-15}$$

当流速 $V \leq 1.2$m/s 时：

$$i = 0.000912 \frac{V^2}{d_j^{1.3}} \left(1 + \frac{0.867}{V}\right)^{0.3} \tag{3-16}$$

③谢才公式,由舍维列夫公式简化而来,见式(3-17)：

$$i = 4^{4/3} \frac{n^2 V^2}{d_j^{4/3}} \tag{3-17}$$

式中：n——管材粗糙系数,镀锌管取0.013,铸铁管取0.014~0.016,钢管取0.0125~0.015,内衬(涂)塑管取0.012~0.014。

④达西(Darcy-Weisbach)公式是管道流中最常使用的公式,是均匀流程水头损失的普遍计算式,对层流、紊流均适用,见式(3-18)：

$$i = \frac{\lambda V^2}{2g d_j} \tag{3-18}$$

式中：λ——沿程阻力系数,无量纲;

g——重力加速度(取9.81m/s²)。

3)计算局部水头损失

给水管道的局部水头损失按式(3-19)计算：

$$h_j = \Sigma \zeta \frac{V^2}{2g} \tag{3-19}$$

式中：h_j——管段局部水头损失之和(kPa);

ζ——管段局部阻力系数;

V——沿水流方向局部管件下游的流速(m/s);

g——重力加速度(m/s²)。

由于给水管网中管件(如弯头、三通等)甚多,不同的构造导致其 ζ 值不相同,给水管网的局部水头损失计算较为烦琐,在实际中常用管(配)件当量长度计算法和管网沿程水头损失百分数估算法。

(1)管(配)件当量长度计算法

管(配)件当量长度的含义是：管(配)件产生的局部水头损失大小与同管径某一长度管道产生的沿程水头损失相等,则该长度即为该管(配)件的当量长度。螺纹接口的阀门及管件的摩阻损失当量长度见表3-13。

阀门和螺纹管件的摩阻损失当量长度（单位:m）　　　　　　　　　　　表 3-13

管件内径 (mm)	摩阻损失当量						
	90°标准弯头	45°标准弯头	标准三通90°转角流	三通直向流	闸板阀	球阀	角阀
9.5	0.3	0.2	0.5	0.1	0.1	2.4	1.2
12.7	0.6	0.4	0.9	0.2	0.1	4.6	2.4
19.1	0.8	0.5	1.2	0.2	0.2	6.1	3.6
25.4	0.9	0.6	1.5	0.3	0.2	7.6	4.6
38.1	1.5	0.9	2.1	0.5	0.3	13.7	6.7
50.8	2.1	1.2	3.0	0.6	0.4	16.7	8.5
63.5	2.4	1.5	3.6	0.8	0.5	19.8	10.3
76.2	3.0	1.8	4.6	0.9	0.6	24.3	12.2
101.6	4.3	2.4	6.4	1.2	0.8	38.0	16.7
127	5.2	3.0	7.6	1.5	1.0	42.6	21.3
152.4	6.1	3.6	9.1	1.8	1.2	50.2	24.3

注:本表的螺纹接口是指管件无凹口的螺纹,即管件与管道在连接点内径有突变,管件内径大于管内径。当管件为凹口螺纹,或管件与管道为等径焊接,其折算补偿长度取表值的 1/2。

（2）管网沿程水头百分数估算法

不同材质管道、三通分水与分水器分水的局部水头损失占沿程水头损失百分数的经验取值分别见表 3-14 和表 3-15。

不同材质管道的局部水头损失估算值　　　　　　　　　　　　　　　　表 3-14

管　材　质		局部水头损失占沿程水头损失的百分数(%)
PVC-U(硬聚氯乙烯)		25～30
PP-R(无规共聚聚丙烯)		
PVC-C(氯化聚氯乙烯)		
铜管		
PEX(交联聚乙烯)		25～45
PVP (聚乙烯基吡咯烷酮)	三通配水	50～60
	分水器配水	30
钢塑复合管	螺纹连接内衬塑铸铁管件的管道	30～40(生活给水系统)
		25～30(生活、生产给水系统)
	法兰、沟槽式连接内涂塑钢管件的管道	10～20
热镀锌钢管	生活给水管道	25～30
	生产、消防给水管道	15
	其他生活、生产、消防共用系统管道	20
	自动喷水管道	20
	消火栓管道	10

三通分水与分水器分水的局部水头损失估算值 表3-15

管件内径特点	局部水头损失占沿程水头损失的百分数(%)	
	三通分水	分水器分水
管件内径与管道内径一致	25~30	15~20
管件内径略大于管道内径	50~60	30~35
管件内径略小于管道内径	70~80	35~40

注:此表只适用于配水管,不适用于给水干管。

但有许多新型管件并无当量长度,因此当管道的管(配)件当量长度资料不足时,可根据管件的连接方式,按管网的沿程水头损失的百分数取值作为管道局部水头损失,如表3-15所示。

4)计算水表的水头损失

水表水头损失的计算是在选定水表的型号后进行的。水表的选择包括确定水表类型及口径。水表类型应根据各类水表的特性和安装水表管段通过水流的水质、水量、水压、水温等情况选定。当用水较均匀时,应以安装水表管段的设计秒流量不大于水表的常用流量来确定水表口径,因为常用流量是水表允许在相当长的时间内通过的流量;当用水不均匀且连续高峰负荷每昼夜不超过2~3h时,可按设计秒流量不大于水表的过载流量确定旋翼式水表口径。在生活、消防共用系统中,因消防流量仅在发生火灾时才通过水表,故选择水表时管段设计流量不包括消防流量;但在选定水表口径后,应对消防流量进行校核,确保生活、消防设计秒流量之和不超过水表的过载流量。

水表的水头损失可按下式计算:

$$h_d = \frac{q_g^2}{K_b} \tag{3-20}$$

式中:h_d——水表的水头损失(kPa);

q_g——计算管段的给水设计流量(m^3/h);

K_b——水表的特性系数,一般由厂家提供,也可按下式计算:

旋翼式水表:

$$K_b = \frac{Q_{max}^2}{100} \tag{3-21}$$

螺翼式水表:

$$K_b = \frac{Q_{max}^2}{10} \tag{3-22}$$

式中:Q_{max}——水表的过载流量(m^3/h)。

水表的水头损失值应满足表3-16的规定,否则应加大水表的口径。

水表水头损失允许值 表3-16

表 型	正常用水时	表 型	正常用水时
旋翼式	<24.5kPa	螺翼式	<12.8kPa

在未确定具体产品时,可按下列标准取用:住宅入户管上的水表,宜取0.01MPa;建筑物或小区引入管上的水表,在生活用水工况时宜取0.03MPa,在校核消防工况时宜取0.05MPa。

5)特殊附件的局部水头损失

管道过滤器的局部水头损失应根据滤网孔径的大小(即数目)确定,一般应根据产品实测数据确定,当无资料时宜取0.01MPa。

倒流防止器的局部水头损失应根据产品的类型确定。通常减压型倒流防止器的水头损失为0.04~0.10MPa,双止回阀型倒流防止器的水头损失为0.01~0.04MPa,低阻力倒流防止器水头损失一般宜取0.025~0.04MPa。

减压阀的阻力通常较大,应根据产品资料确定水头损失;当没有选定产品时,其阻力可按0.10MPa计。对于比例式减压阀的阻力损失,阀后的动水压宜取阀后静水压的80%~90%。

3.2.2 卫生器具最低工作压力

卫生器具的给水额定流量、当量、连接管公称直径和最低工作压力按表3-17确定。

卫生器具的给水额定流量、当量、连接管公称直径和最低工作压力　　　　表3-17

序号	给水配件名称	额定流量 (L/s)	当量	连接管公称直径 (mm)	最低工作压力 (MPa)
1	洗涤盆、拖布盆、盥洗盆 　感应水嘴 　单阀水嘴 　混合水嘴	0.15~0.20 0.30~0.40 0.15~0.20(0.14)	0.75~1.00 1.50~2.00 0.75~1.00(0.70)	15 20 15	0.100 0.100 0.100
2	洗脸盆 　单阀水嘴 　混合水嘴	0.15 0.15(0.10)	0.75 0.75(0.50)	15 15	0.100 0.100
3	洗手盆 　感应水嘴 　混合水嘴	0.10 0.15(0.10)	0.50 0.75(0.50)	15 15	0.100 0.100
4	浴盆 　单阀水嘴 　混合水嘴(含带淋浴转换器)	0.20 0.24(0.20)	1.0 1.20(1.00)	15 15	0.100 0.100
5	淋浴器 　混合阀	0.15(0.10)	0.75(0.50)	15	0.100~0.200
6	大便器 　冲洗水箱浮球阀 　延时自闭式冲洗阀	0.10 1.20	0.50 6.00	15 25	0.050 0.100~0.150
7	小便器 　手动或自动自闭式冲洗阀 　自动冲洗水箱进水阀	0.10 0.10	0.50 0.50	15 15	0.050 0.020
8	小便槽穿孔冲洗管(每米长)	0.05	0.25	15~20	0.015
9	净身盆冲洗水嘴	0.10(0.07)	0.50(0.35)	15	0.100
10	医院倒便器	0.20	1.00	15	0.100
11	实验室化验水嘴(鹅颈) 　单联 　双联 　三联	0.07 0.15 0.20	0.35 0.75 1.00	15 15 15	0.020 0.020 0.020
12	饮水器喷嘴	0.05	0.25	15	0.050

续上表

序号	给水配件名称	额定流量（L/s）	当量	连接管公称直径（mm）	最低工作压力（MPa）
13	洒水栓 　庭院 　街道	 0.40 0.70	 2.00 3.50	 20 25	 0.050~0.100 0.050~0.100
14	室内地面冲洗水嘴	0.20	1.00	15	0.100
15	家用洗衣机水嘴	0.20	1.00	15	0.100

注：1. 表中括号内的数值系在有热水供应时，单独计算冷水或热水时使用。
2. 当浴盆上附设淋浴器时，或混合水嘴有淋浴器转换开关时，其额定流量和当量只计水嘴，不计淋浴器。但水压应按淋浴器计。
3. 家用燃气热水器所需水压按产品要求和热水供应系统最不利配水点所需工作压力确定。
4. 绿地的自动喷灌应按产品要求设计。
5. 当卫生器具给水配件所需额定流量和最低工作压力有特殊要求时，其值应按产品要求确定。
6. 如为充气式水嘴，其额定流量为表中同类配件额定流量的0.7倍。
7. "最低工作压力"是指保证给水额定流量前提下为克服给水配件内摩阻、冲击及流速变化等阻力，在控制出流启闭阀前所需要的水压，而不是出口处的水头值。
8. 卫生器具和配件应符合国家现行有关标准对节水型生活器具的规定。

3.2.3 给水管网水力计算步骤

根据建筑平面图和给水方式，绘制管道平面图及轴测图，列管网水力计算表，具体步骤如下：

①根据轴测图选择最不利配水点，确定计算管路，若在轴测图中很难判定最不利配水点，则应该同时选择几条计算管路，分别计算各管路所需压力，其最大值即为给水管网所需压力。

②以计算管路流量变化处为节点，从最不利配水点开始，进行节点编号，将计算管路划分成计算管段，并标出两节点间计算管段的长度。

③根据建筑的性质选用设计秒流量公式，计算各管段的设计秒流量值。

④进行给水管网的水力计算。

⑤确定非计算管路各管段的管径。

⑥若为设置增压、贮水设备的给水系统，还应该对设备进行选择、计算。

【例题3.3】 一幢5层10户住宅，每户卫生间内有坐便器1套，洗脸盆、浴盆各1个，厨房内有洗涤盆1个，该建筑有局部热水供应。图3-1为给水系统轴测图，管材为给水塑料管。图中，0、1、2、3分别为坐便器、浴盆、洗脸盆、厨洗盆。引入管与室外给水管网连接点到最不利配水点的高差为14.23m。室外给水管网所能提供的压力最小为300kPa。试进行系统水力计算。

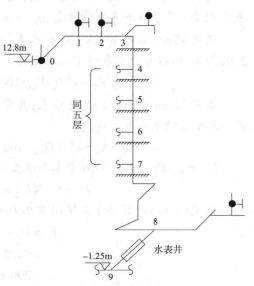

图3-1 给水系统轴测图

【解】该住宅为普通住宅,由表2-1,用水定额取 $q_0=260\text{L}/(\text{人}\cdot\text{d})$,每户按照 $m=3.2$ 人计,小时变化系数取 $K_h=2.5$,查表3-17 可知,浴盆水嘴 $N_g=1.0$,坐便器 $N_g=0.5$,洗脸盆 $N_g=0.75$,洗涤盆 $N_g=1.0$。根据式(3-6)求出平均出流概率 U_0,查表3-4 找出 α_c 值,代入式(3-5)求出同时出流概率 U,再代入式(3-4)就可求出该管段的设计秒流量 q_g。重复上述步骤计算各个管段的设计流量。将流速控制在允许范围内,选择管径,由式(3-14)计算单位长度沿程水头损失 i。再由式(3-13)计算沿程水头损失。

给水管网水力计算表　　　　表3-18

计算管段标号	当量总数 N_g	同时出流概率 U（%）	设计秒流量 q_g（L/s）	管径 DN（mm）	流速 v（m/s）	每米管长沿程水头损失 i（kPa/m）	管段长度 L（m）	管段沿程水头损失 h_i（m）	管道沿程水头损失累计 $\sum h_i$（m）
0-1	1.00	100	0.20	15	0.99	0.940	0.9	0.846	0.846
1-2	1.50	83	0.25	20	0.66	0.314	0.9	0.283	1.129
2-3	2.25	69	0.31	20	0.82	0.450	4.0	1.800	2.929
3-4	3.25	58	0.38	25	0.58	0.173	5.0	0.865	3.794
4-5	6.50	42	0.55	25	0.84	0.333	3.0	0.999	4.793
5-6	9.75	34	0.66	32	0.65	0.163	3.0	0.489	5.282
6-7	13.00	30	0.78	32	0.77	0.219	3.0	0.657	5.939
7-8	16.25	27	0.88	32	0.86	0.271	7.7	2.087	8.026
8-9	32.50	20	1.30	40	0.78	0.173	4.0	0.692	8.718

计算局部水头损失 $\sum h_j$:

$$\sum h_j = 30\% \sum h_i = 0.3 \times 8.718 = 2.615(\text{kPa})$$

所以计算管路的水头损失为:

$$H_2 = \sum(h_i + h_j) = 11.33(\text{kPa})$$

因住宅建筑用水量较小,总水表和分户水表均选用 LXS 系列湿式水表,分户水表和总水表分别安装于3-4 和 8-9 管段上,$q_{3-4}=0.38\text{L/s}=1.368\text{m}^3/\text{h}$,$q_{8-9}=1.30\text{L/s}=4.680\text{m}^3/\text{h}$。

选用 15mm 口径的 LXS 分户水表,其常用流量为 $1.5\text{m}^3/\text{h}>1.368\text{m}^3/\text{h}$,过载流量为 $3.0\text{m}^3/\text{h}$。所以分户水表的水头损失为:

$$h_{d1} = q_g^2/K_b = q_g^2/(Q_{max}^2/100) = 1.368^2/(3^2/100) = 20.79(\text{kPa})$$

选用 32mm 口径的 LXS 总水表,其常用流量为 $6\text{m}^3/\text{h}>4.680\text{m}^3/\text{h}$,过载流量为 $12\text{m}^3/\text{h}$。所以总水表的水头损失为:

$$h_{d2} = q_g^2/K_b = q_g^2/(Q_{max}^2/100) = 4.680^2/(12^2/100) = 15.21(\text{kPa})$$

h_{d1} 和 h_{d2} 均小于表3-16 中水表水头损失允许值。因此水表总水头损失为:

$$H_3 = h_{d1} + h_{d2} = 20.79 + 15.21 = 36(\text{kPa})$$

由式(3-11)计算给水系统所需压力 H:

$$H = H_1 + H_2 + H_3 + H_4$$
$$= 14.23 \times 10 + 11.33 + 36 + 100$$
$$\approx 290 < 300(\text{kPa})$$

满足要求。

3.3 系统选择

建筑二次给水系统选择的合理与否将对整个工程的造价、供水安全可靠性、日常运行费用、施工难易和维护管理工作产生重大影响。建筑二次给水系统的选择包括水源和给水方式的选择、加压泵站与贮水池规模和设置位置的选择、给水管道走向的选择等。在建筑二次给水系统的选择中要综合考虑城市规划、水源条件、地形及地质条件、已有供水设施情况、用水需求、环境影响、施工技术、管理水平、工程规模、工期要求、建设资金等因素,在进行技术经济比较后确定合理的给水系统方案。

3.3.1 给水系统选择的原则

二次供水系统给水方式的选择应遵循以下原则:
①建筑生活给水系统应尽量利用市政给水管网的水压直接供水。
②给水系统的分区应根据建筑物的用途、层数、使用要求、材料设备性能、维护管理、节约供水、能耗等因素综合确定。竖向分区应符合下列要求:

　a.供水压力首先应满足不损坏给水配件的要求,故卫生器具配水点的静水压力不得大于0.6MPa。

　b.各分区最低卫生器具配水点处的静水压力不宜大于0.45MPa,当设有集中热水系统时,分区静水压力不宜大于0.55MPa。

　c.生活给水系统用水点处动压压力不应大于0.20MPa,并应满足卫生器具工作压力要求。

　d.住宅类入户管供水压力不应大于0.35MPa,非住宅类居住建筑入户管供水压力不宜大于0.35MPa。

　e.各分区最不利配水点的水压应满足用水水压要求。入户管或公共建筑的配水横管的水表进口端水压一般不宜小于0.1MPa(当卫生器具对供水压力有特殊要求时应按产品样本确定)。

　f.当采用气压供水方式时,应按气压供水设备在最高工作压力时最低配水点处水压不大于规定值,在最低工作压力时最不利用水点的水压满足使用要求进行设计。

③建筑高度不超过100m的建筑物,生活给水系统宜采用垂直分区并联给水或分区减压的供水方式;建筑高度超过100m的建筑物,宜采用垂直串联供水方式。

④给水系统中应尽量减少中间贮水设施。当压力不足需升压供水时,在条件允许的情况下,升压泵宜从室外管网中直接抽水;当地有关部门不允许时,宜优先考虑设吸水井方式。当室外管网不能满足室内的设计秒流量或引入管只有1条而室内又不允许停水时,应设调节水池或调节水箱。

⑤由于建筑物(建筑群)情况各异、条件不同,供水可采用单种方式,也可采用几种方式组合(如下区直接供水,上区用泵升压供水;局部水泵、水箱供水;局部变频泵、气压水罐供水;局部并联供水;局部串联供水等)。管网可以是上行下给式,也可以是下行上给式等。所以设计时应根据实际情况,在符合有关规范、规定的前提下确定供水方案,力求以最简便的管路,经济、合理、安全地满足供水要求。

判断给水系统是否合理的标准和原则为：
①满足用水器具的用水压力要求，不同用水器具压力要求不同。
②尽可能地直接利用城市自来水的压力。
③当采用水泵加压时应计算每提升 $1m^3$ 水所需的电能最小。
④系统占地面积小。
⑤系统供水管道用量最小。
⑥系统设计不出现虹吸现象。

3.3.2 系统给水方式

1）二次增压供水方式

常用的二次增压供水方式有水泵-水箱联合供水、气压供水、变频调速供水和管网叠压供水。

建筑二次给水系统应根据运行可靠、卫生安全、经济节能的原则选用贮水调节设施和二次增压供水设施。

2）高层建筑分区给水

(1) 高层建筑分区给水必要性

设高层建筑层数为 n 且楼层高度相同，各楼层用水量为 $q_i(i=1,2,\cdots,n)$，各楼层配水支管到水泵出水管的位置高差为 Z_i，最不利配水点最低工作压力为 $H_i = H_0$，管路系统水头损失之和为 $\sum h_i$，各楼层配水点的富余水头为 ΔH_i。则高层建筑供水系统总能量为：

$$E = \gamma QH = \gamma(Z_n + H_n + \sum h_n)\sum_{i=1}^{n} q_i \tag{3-23}$$

式中：E——高层建筑供水系统总能量(kW)；
γ——水的容重(kg/m^3)；
Q——建筑所需总水量(m^3)；
H——水泵所提供总扬程(m)；
Z_n——第 n 层的最不利配水点至水泵出水管的高差(m)；
H_n——第 n 层的最不利配水点最低工作压力(m)；
$\sum h_n$——第 n 层的最不利配水点至水泵出水管局部与沿程水头损失之和(m)。

水泵所提供总扬程 H 应满足高层建筑第 n 层的最不利配水点所需水压，即

$$H = Z_n + H_n + \sum h_n \tag{3-24}$$

依据能量守恒原理，利用图 3-2 中矩形 $OABn$ 的面积来表示高层建筑供水系统的能量组成。

结合图 3-2 进行分析，高层建筑供水系统能量主要包含以下 3 部分：

①保证最小服务水头所需的能量 E_1，如图 3-2 阶梯形状所示：

$$E_1 = \sum_{i=1}^{n} \gamma(Z_i + H_i)q_i \tag{3-25}$$

②克服管路系统摩阻所需的能量 E_2，如图 3-2 倒阶梯形状所示：

$$E_2 = \sum_{i=1}^{n} \gamma q_i \sum h_i \tag{3-26}$$

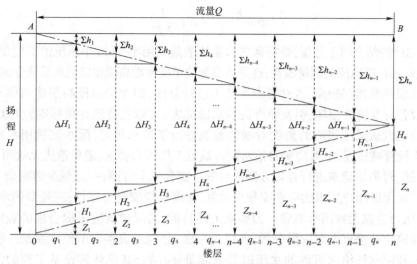

图 3-2 高层建筑供水系统能量示意图

③未利用的能量 E_3，如图 3-2 塔形所示：

$$E_3 = \sum_{i=1}^{n-1} \gamma q_i \Delta H_i \quad (3-27)$$

其中：

$$\Delta H_i = (Z_n + H_n) - (Z_i + H_i) + \sum_{j=i+1}^{n} h_j \quad (3-28)$$

单位时间内供水系统的总能量等于上述三部分能量之和：

$$E = E_1 + E_2 + E_3 \quad (3-29)$$

E_1 是保证最不利用水点正常用水所需的最小能量。Z_i 的值在设计供水系统时已经确定，而卫生器具最低工作压力 H_i 见表 3-17，因此无法通过减小 E_1 值来实现节能的目的。

E_2 是供水系统输送用户所需流量时克服管路系统摩阻所消耗的能量。根据水力学相关理论，管路系统水头损失可表示为：

$$\sum h_i = \sum \left(\lambda_i \frac{l_i}{D_i} + \sum \zeta_i \right) \frac{v^2}{2g} \quad (3-30)$$

式中：λ_i——管段 i 的沿程阻力系数；
　　　l_i——管段 i 的管长(m)；
　　　D_i——管段 i 的内径(m)；
　　　v——管段 i 的断面平均流速(m/s)；
　　　g——重力加速度(m/s²)；
　　　ζ_i——局部阻力系数。

由式可知，管路系统水头损失与管长、流速、沿程阻力系数、局部阻力系数正相关，与供水管管径负相关。在工程设计中，通过优选供水管材、管件和优化管线布置方案减小 E_2 值的节能作用较为有限。

E_3 是各楼层未能有效利用所浪费的能量。由式(3-30)可知，ΔH_i 与总供水高度 Z_n 和管道的水头损失 $\sum h$ 正相关，故降低水泵供水高度可有效减少剩余水头浪费的能量。

可借助供水系统能量利用率 Φ 来表征未分区的高层建筑供水系统能量的利用程度。

$$\Phi = \frac{E_1 + E_2}{E} = 1 - \frac{E_3}{E} \tag{3-31}$$

由式(3-31)并结合以上分析,要提高供水系统能量利用率,需减小系统浪费能量(E_3),即减少因剩余水头 ΔH_i 所造成的能量浪费,这是从节能的角度考虑高层建筑供水系统分区的原因。

此外,高层建筑楼层较高,若对整个系统不进行分区,则无法保证高层建筑供水的安全可靠性,易导致管材及管件损坏、引发噪声甚至水锤危害。《绿色建筑评价标准》(GB/T 50378—2019)相关条款也从减压限流的角度对绿色建筑进行了节水规定,配水支管用水点压力超过0.2MPa 时应设置减压设施,并应满足给水配件最低工作压力要求,避免造成无效用水。

综上所述,对高层建筑进行合理分区的目的主要有三个方面:一是减少因剩余水头造成的能量浪费;二是保证用户用水的可靠度和舒适度,提高系统安全可靠性;三是节约水资源,避免过高的供水压力造成无效用水浪费。为实现上述目的,高层建筑应采取合理的竖向分区给水方式,即在建筑物的垂直方向按层分段,各段为一区,分别组成各自的给水系统。确定分区范围时,应充分利用室外给水管网的水压以节省能量;应结合其他建筑设备工程的情况综合考虑,尽量将给水分区的设备层与其他相关工程所需设备层共同设置,以节省土建费;此外,要使各区最低卫生器具或用水设备配水装置处的静水压力小于其工作压力,以免配水装置的零件损坏、漏水,住宅、旅馆、医院宜为 0.30~0.35MPa,办公楼因卫生器具较以上建筑少且使用不频繁,故卫生器具配水装置处的静水压力可略高些,宜为 0.35~0.45MPa。

(2)竖向分区给水方式

在高层建筑中,常见的竖向分区给水方式有水泵并联分区给水、水泵串联分区给水和减压阀分区给水。

①水泵并联分区给水方式:在高层建筑各竖向给水分区分别设置水泵提升装置,各分区水泵采用并联方式供水。各区升压设备集中设在底层或地下设备层,分别向各区供水,见图3-3。其优点是:各区供水自成系统,互不影响,供水较安全可靠;各区升压设备集中设置,便于维修、管理。缺点是:水泵数量较多且扬程各不相同,上区供水泵扬程较大,总压水线长;设备费用较高,维修较复杂。

②水泵串联分区给水方式:在高层建筑各竖向给水分区分别设置水泵提升装置,各分区水泵采用串联方式供水,见图3-4。其优点是:供水可靠,运行能耗较少。缺点是:水泵数量多,设备布置不集中,维护、管理相对不便。在运行时,水泵启动顺序为自下而上,停止顺序则相反;各分区水泵的供水能力应相互匹配。

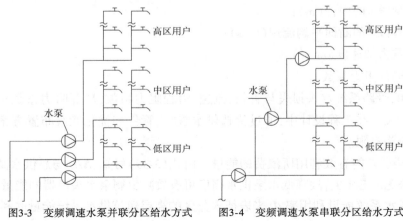

图3-3 变频调速水泵并联分区给水方式　　图3-4 变频调速水泵串联分区给水方式

③减压阀分区给水方式:在高层建筑下部竖向给水分区设置减压阀减压。高层建筑减压阀分区给水可分为有高位水箱和无高位水箱(图3-5)两种形式。有高位水箱的减压阀分区给水方式中,高层建筑用水由设在底层的水泵一次提升至屋顶水箱,再通过各区设置的减压阀依次向下供水。优点是:水泵数量少,占地少,且集中设置便于维修、管理;管线布置简单,投资省。缺点是:有高位水箱的减压阀分区给水方式各区用水均需提升至屋顶水箱,水箱容积大,对建筑结构和抗震不利,增加了电耗;供水不够安全,水泵或屋顶水箱输水管、出水管的局部故障都将影响各区供水。无高位水箱的减压阀分区给水方式通过变频调速水泵将水提升至高区,再通过各分区减压阀依次向下供水。其优点是:供水可靠,设备布置集中,投资较节省;无高位水箱,可减轻结构荷载。缺点是:低区水压损失较大,能量消耗较多。

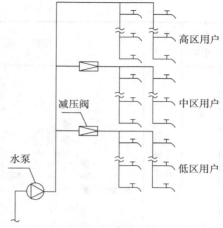

图3-5 无高位水箱减压阀分区给水方式

3.3.3 给水图示及适用条件

常见的二次供水图示及适用条件见表3-19。

二次供水图示及适用条件 表3-19

高位水箱	给水方式	图 示	概 述	特点及适用范围
无高位水箱	不分区供水	(A型) (B型)	由水泵直接从外网抽水(A型)或通过调节水池(或吸水井)抽水(B型)增压供水	一般适用于多层建筑
	分区并联供水	(A型) (B型)	分区并联供水,各区设水泵直接从外网抽水(A型)或通过调节水池(或吸水井)抽水(B型)增压供水	高区水泵扬程较高,输水管的材质及接口要求也较高。事故时只涉及1个分区,不会造成全楼停水。一般适用于建筑高度不足100m的高层建筑

续上表

高位水箱	给水方式	图 示	概 述	特点及适用范围
无高位水箱	分区串联供水	(A型) (B型)	分区供水,用水泵直接从外网抽水(A型)或通过调节水池(或吸水井)抽水(B型)。各区自成系统,每区的各级提升泵应匹配并联锁,使用时应先启动下一区水泵,后启动上一区水泵。各区应配小气压罐和小流量泵	事故时只涉及1个分区,不会造成全楼停水,管材及接口承压较小;水泵设置数量多,中间楼层需设泵房,有较高的防震要求,自动控制要求比较高。一般适用于超过100m的高层建筑。楼层中间有设置泵房的可能,维护管理方便
	串联叠压供水	(A型) (B型)	各区水泵集中设置于同一泵房内,用水泵直接从外网抽水(A型)或通过水池(箱)抽水(B型)。泵组内部各泵并联,不同分区泵组串联叠压,各区泵组启停遵循开泵"先下后上"、关泵"先上后下"的逻辑顺序	前级泵组供水规模增大,泵组效率提高,而且用户用水均匀性提高;后级泵组通过叠压可充分利用前级泵组压力,节约供水扬程。各区水泵集中布置,便于日常维护及集约化管理,无中间转输水箱,节约占地空间,降低楼层荷载,封闭系统还减少了供水二次污染的风险。一般适用于低于100m的高层建筑
	减压阀分区供水	(A型) (B型)	用水泵直接从外网抽水(A型)或通过调节水池(或吸水井)抽水(B型)增压供水,而低区采用减压阀减压供水。一般适用于高度不超过100m的高层建筑。维护管理方便	由于采用减压阀分区,减压阀必须有备用,当减压阀出现故障、管网超压时,应有报警措施。对输水管材质及接口要求较高。当水泵出现故障时会造成全楼停水
	气压供水	(A型) (B型)	由水泵直接从外网抽水(A型)或通过调节水池(或吸水井)抽水(B型)。平时由气压罐维持管网压力,并供用水点用水;当压力下降至最小工作压力时,启动水泵供水,并向气压罐内充水,至最大工作压力时停泵	由于能耗高、用钢量大,一般不宜用于供水规模大的场所。变压式气压供水压力变化大,所以要注意在最高工作压力时最低用水点的给水配件不会因压力而损坏,在最低工作压力时最高用水点的压力能满足使用要求。仅用于多层建筑

续上表

高位水箱	给水方式	图示	概述	特点及适用范围
	不分区供水	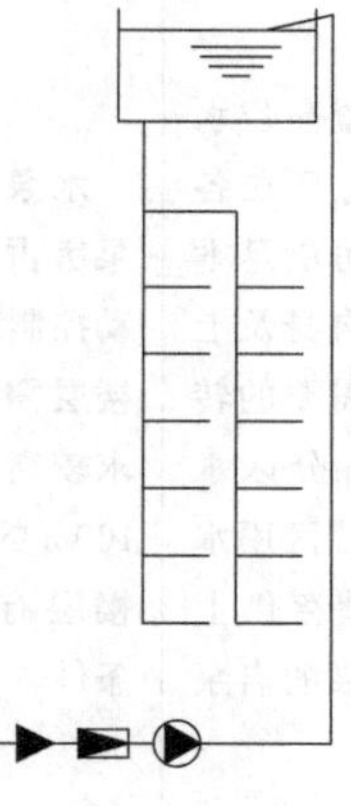 (A型) 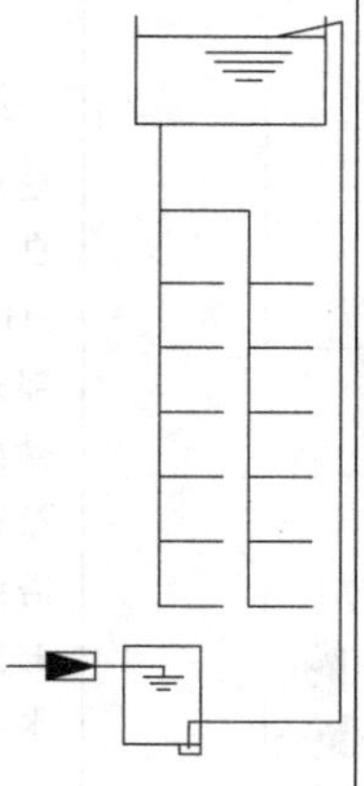 (B型)	由水泵直接从外网抽水(A型)或通过调节水池(或吸水井)抽水增压供水(B型)	外网水压经常不足,所供水量也不能满足设计流量。允许直接从外网吸水,则采用A型;不允许直接吸水,则采用B型。一般用于多层建筑
有高位水箱	分区并联单管供水	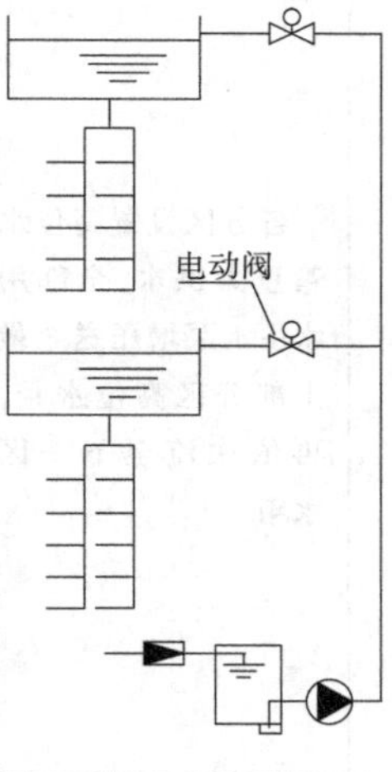 电动阀	分区设置高位水箱,用水泵增压,单管输水至各分区水箱,由水箱重力供水;水泵与电动阀的启闭由水箱水位自动控制	地下室泵房占用面积较小。一般用于高度不太高、竖向分区较少的高层建筑。下部分区宜设减压阀,防止水箱的进水阀和配件损坏
	分区并联多管供水	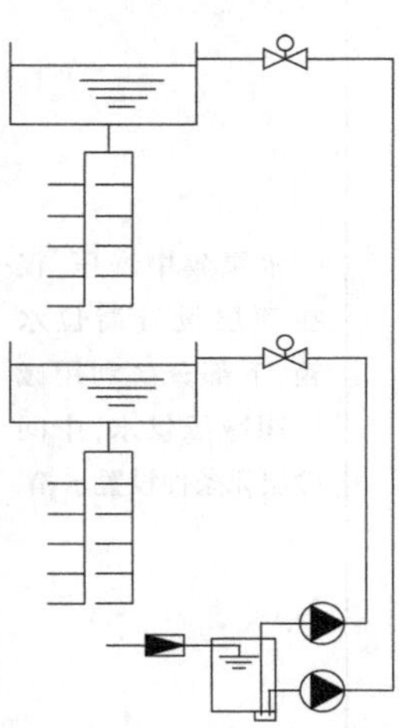	各分区设置高位水箱,各分区自设水泵与输水管输水至水箱,通过水箱重力供水	适用于不允许全楼一起停水的情况。一般用于不大于100m的高层建筑

续上表

高位水箱	给水方式	图示	概述	特点及适用范围
有高位水箱	分区串联供水	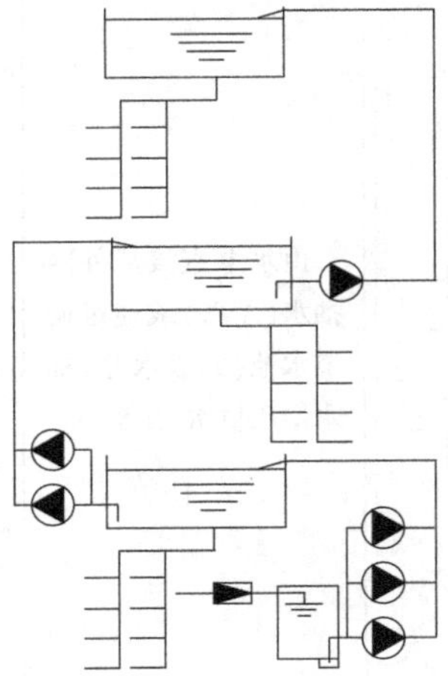	各分区设置高位水箱重力供水,且在各自下部设置可满足本分区压力和自身及上部分区流量需要的转输提升泵;各分区水箱除满足本分区用水需要,还应储存供上部各分区水泵的启泵水量	水泵设置数量较多,泵房占用面积较大,自动控制要求较高。中间楼层需设泵房,防震要求较高。一般用于高于100m的高层建筑。中间楼层有设置水泵房的条件
	分区水箱减压供水	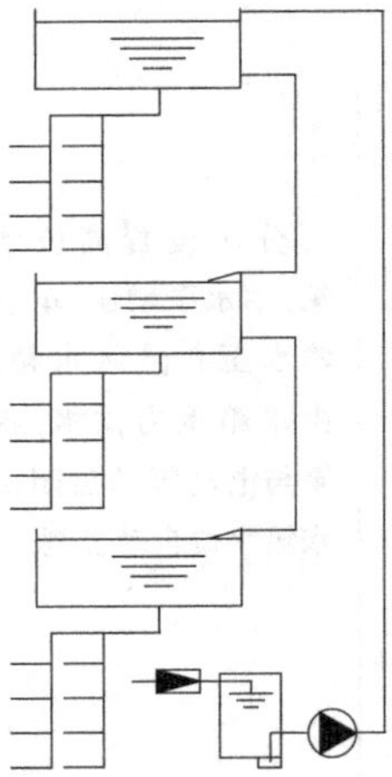	各分区设置高位水箱重力供水,全部用水由水泵增压送至最上部分区高位水箱,再依次流至下一区水箱	地下泵房占用面积较小。一般用于高度不太高、竖向分区较少的高层建筑
	分区减压阀减压供水	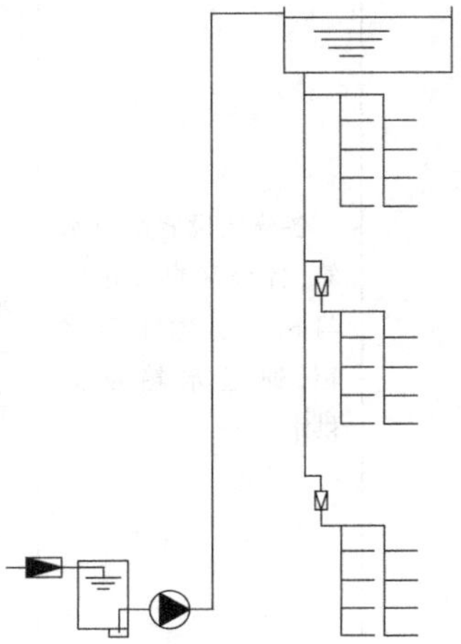	水泵集中增压,仅在顶层设置高位水箱,下部分区利用减压阀减压供水,中间楼层无条件设置水箱	分区减压阀应有备用,当减压阀出现故障、管网超压时,应有报警措施。一般用于高度不太高、竖向分区较少的高层建筑

3.4 管道布置和敷设

3.4.1 管道布置和敷设的基本要求

管道布置和敷设应符合以下基本要求：

①满足最佳水力条件。管道布置应靠近大用水户，使供水干管短而直，配水管网干管及二次供水干管应布置成环状。

②满足维修及美观要求。室外管道应尽可能敷设在人行道或绿地下，从建筑物向道路由浅至深顺序安排。室内给水管道应尽量沿墙、梁、柱直线敷设。对美观要求较高的建筑物，其管道可在管槽、管井、管沟及吊顶内暗敷。

③保证使用及生产安全。管道布置不得妨碍生产操作、交通运输，应避开有可能发生燃烧、爆炸或具有腐蚀性的物品。不允许断水的用水点应考虑从环状管网的两个不同方向引入两个进水口。

④保护管道不受破坏。埋地给水管应避开易受重物压坏处。当管道必须穿越结构基础、设备基础或其他构筑物时，应与有关专业协商处理，确保管道不受破坏。

3.4.2 小区室外管道布置和敷设的要求

大型建筑小区或住宅小区的给水干管宜布置成环状或与城镇给水管道连成环状管网，小区给水支管和接户管可布置成枝状。小区干管宜沿用水量较大的区域布置，以最短管线距离向大用水户供水。小区供水支管一般不宜布置在住户的庭院内。

小区内给水管道宜沿小区道路、平行建筑物布置，管道外壁距建筑物外墙的净距不宜小于1m，且不得影响建筑物基础。

小区各类管道的布置应根据其用途、性能等统筹安排。如生活给水管应尽量远离污水管，减小生活用水被污染的可能性；金属管不宜靠近电力电缆。

居住小区管道平面排列时，应按从建筑物向道路由浅至深的顺序布置。自建筑物外墙开始，常用管道排列顺序一般为：通信电缆或电力电缆→煤气、天然气管道→污水管道→给水管道→热力管沟→雨水管道。

小区室外给水管道的埋设深度应根据土壤冰冻线、地面荷载、管材强度及管道交叉等因素确定。一般应保证管道不被强烈振动或压坏、管内水流不被冰冻或增高温度。在非冰冻地区，如果埋设在机动车道路下，金属管道覆土厚度一般不小于0.7m，非金属管道覆土厚度不小于1.0m；如果埋设在非机动车道路下或人行道路面下，金属管覆土厚度不宜小于0.3m，塑料管覆土厚度不宜小于0.7m。在冰冻地区，管道应敷设在土壤冰冻线以下，管顶最小覆土深度不得小于土壤冰冻线以下0.15m。

小区给水管道一般宜直接敷设在未经扰动的原状土层上。若小区地基土质较差或地基为岩石，管底宜铺设砂垫层，金属管道砂垫层厚度不小于100mm，塑料管砂垫层厚度不小于150mm，并应铺平、夯实；若小区地基土质松软，则应浇筑混凝土垫层；如果有流沙或淤泥，则应在采取相应的加固措施后再浇筑混凝土条形基础。

室外埋地给水管道在垂直或水平方向转弯处是否设置支墩，应根据管径、转弯角度、试压要求及管道接口摩擦力等因素通过计算确定。当承插管管径小于或等于300mm且试验压力不大于

1.0MPa时,在一般土壤条件地区的弯头、三通处可不设置支墩;如遇松软土壤则需经计算确定。支墩不应修筑在松土上,支墩材料一般为C20混凝土。刚性接口给水承插铸铁管道支墩做法见《刚性接口给水承插式铸铁管道支墩》(03S504)图集,柔性接口给水铸铁管管道支墩做法见《柔性接口给水管道支墩》(10S505)图集。

露天敷设的给水管道应有调节管道伸缩和防止接口脱开、被撞坏的设施,并应避免受阳光直接照射。在结冻地区,不应露天设置。

敷设在管沟内的给水管道与各种管道之间的净距,应满足安装及维修操作的需要且不宜小于0.3m。给水管道应在热水、热力管道的下方以及冷冻管、排水管的上方(管沟内的冷冻管、热水管、蒸汽管等热力管道必须采取保温措施)。

生活给水管不宜与输送易燃、可燃或有害的液体或气体的管道同廊(沟)敷设。管沟应有检修人孔,做防水并有坡度和排水措施。

小区室外给水管道上的阀门宜设置阀门井或阀门套筒。

3.4.3 建筑室内给水管道布置和敷设的要求

建筑生活给水管道宜采用枝状布置,单向供水。

室内给水管道可明设或暗敷,应根据建筑及室内布置要求、管道材质确定。当给水引入管需穿越承重墙或基础时,应预留洞口,管顶上部净空高度不得小于建筑物的沉降量,一般不小于100mm,并充填不透水的弹性材料。穿越地下室外墙处应预埋柔性或刚性防水套管,套管与管外壁之间应采取可靠的防渗填堵措施。当建筑物的沉降量较大或抗震要求较高而又采用刚性防水套管时,在外墙两侧的管道上应设柔性接头。

给水管道不宜穿越伸缩缝、沉降缝和抗震缝,当必须穿越时应采取有效措施。常见的措施有:

①螺纹弯头法。建筑物的沉降可由螺纹弯头的旋转补偿,适用于小管径管道。

②柔性接头法。用橡胶软接头或金属波纹管连接沉降缝、伸缩缝两边的管道。

③活动支架法。在沉降缝两侧设立支架,使管道能垂直位移而不能水平位移,以适应沉降伸缩之应力。

建筑物内给水管道的布置应根据建筑物性质、使用要求和用水设备种类等因素确定,一般应符合下列要求:

①充分利用市政管网压力。

②不影响建筑的使用和美观。管道宜沿墙、梁、柱布置,但不能妨碍生活、工作、通行。一般可设置在管井、吊顶内或沿墙边。

③管道宜布置在用水设备、器具较集中处,方便维护管理及检修。

给水管道不得或不宜布置在建筑物的下列房间或部位:

①不得穿越变、配电间、电梯机房、通信机房、大中型计算机房、计算机网络中心、有屏蔽要求的X光室、档案室、书库、音像库房等遇水会损坏设备和引发事故的房间。

②不宜穿越卧室、书房及储藏间。

③不得布置在遇水能引起爆炸、燃烧或损坏的原料、产品或设备上面,并避免在生产设备的上方通过。

④不得敷设在烟道、风道、电梯井、排水沟内。不得穿过大、小便槽(给水立管距大、小便槽端部不得小于0.5m)。

⑤不宜穿越橱窗、壁柜;不可避免时,应采取隔离和防护措施。

⑥不宜穿越伸缩缝、抗震缝和沉降缝。必须穿越时,应设置补偿管道伸缩和剪切变形的装置,一般可采取下列措施:在墙体两侧采取柔性连接;在管道或保温层外壁上、下留不小于150mm的净空;在穿墙处设置方形补偿器,水平安装。

⑦给水管应避免穿越人防地下室,当必须穿越时应按现行《人民防空地下室设计规范》(GB 50038)的要求采取设置防护阀门等措施。

⑧需要泄空的给水管道,其横管宜设有0.002~0.005的坡度坡向泄水装置。

3.4.4 生活水池、屋顶水箱给水管道布置和敷设的要求

水池(或水箱、水塔)进水管宜采用耐腐蚀金属管材或内外涂塑焊接钢管、复合钢管及管件;水池(或水箱、水塔)的出水管及泄水管宜采用内外壁涂塑钢管、复合管或球墨铸铁管(一般用于水塔)。当采用塑料进水管时,其安装杠杆式进水浮球阀端部的管段应采用耐腐蚀金属管及管件过渡,浮球阀等进水设备的重量不得作用在管道上。

水池的进水管和利用外网压力直接进水的水箱进水管上装设与进水管径相同的液位自动控制阀或液压水位控制阀。当采用水泵加压进水时,水箱进水管不得设置自动液位控制阀,应设置水箱液位自动控制水泵启、停装置;当一组水泵供给多个水箱时,应在水箱进水管上装设电动控制阀,由水位监测装置自动控制。生活给水出水管的管内底应高出水池(箱)底0.1~0.15m;对于用水量大且用水时间集中的用水点(如冷却塔补水、加热设备供水、洗衣房用水等)应单设出水管。

水池(箱)进、出水管的布置应注意避免水流短路,必要时应在水池(箱)内增设导流墙、导流板。

水池(箱)溢流管的管径应按能排泄最大入流量确定,一般应比进水管大一级;溢流管宜采用水平喇叭口集水,喇叭口下的垂直管段长度不宜小于4倍溢流管管径,溢水口应高出最高水位不小于0.1m,在溢流管上不得装设阀门。

水池(箱)的泄水管上应设置阀门。泄水阀门后管段可与溢水管相连,并应采用间接排水方式。水池(箱)泄水管宜从池(箱)底接出;如果泄水管必须从侧壁接出,其管内底应和池(箱)底最低处相平。当贮水池的泄水管不能自流泄空或无法设置泄水管时,应设置移动或固定的提升装置;当采用移动水泵抽吸泄水时,水池附近应有供电电源;在池底最低处的上方池顶板上设置带盖密封开口(可与检修人孔合用)。

3.4.5 管网布置形式

按照水平配水干管的敷设位置,管网可以布置成下行上给式、上行下给式、中分式和环状式4种形式,其特征、使用范围和优缺点见表3-20。

各种管网布置形式的对比　　　　　　　　　　　　　　　表3-20

名　　称	特征及使用范围	优　　点	缺　　点
下行上给式	水平配水干管敷设在底层(明装、埋设或沟敷)或地下室顶棚下。居住建筑、公共建筑和工业建筑在利用外网水压直接供水时多采用这种方式	图式简单,明装时便于安装维修。埋地管道检修不便,立管设计应注意适当放大立管管径	与上行下给式布置相比,最高层配水点流出水头较低

续上表

名　称	特征及使用范围	优　点	缺　点
上行下给式	水平配水干管敷设在顶层顶棚下或吊顶之内；在非冰冻地区，可敷设在屋顶上。在高层建筑中，可设在技术夹层内。设有高位水箱的居住、公共建筑、机械设备或地下管线较多的工业厂房多采用这种方式	与下行上给式布置相比，最高层配水点流出水头稍高	安装在吊顶内的配水干管可能因漏水或结露损坏吊顶和墙面。设计时注意防结露。要求外网水压稍高，管材消耗比较多
中分式	水平干管敷设在中间技术层的吊顶内，向上、下两个方向供水。屋顶可作露天茶座、舞厅或设有中间技术层的高层建筑多采用这种方式	管道安装在技术层内，便于安装维修，有利于管道排气，不影响屋顶多功能使用	需要设置技术层或增加某中间层的层高
环状式	水平配水干管或配水立管互相连接成环，组成水平环状管网或竖向环状管网，在有两个引入管时，也可将两个引入管通过配水立管和水平干管相联通，组成贯穿环状。高层建筑、大型公共建筑和要求不间断供水的工业建筑常采用这种方式。消防管网均采用环状式	任何管段发生事故时，可用阀门关闭事故管段而不中断供水，水流通畅，水头损失小，水质不易因滞留而变质	管网造价较高

3.5　管材和附件

给水系统采用的管材、管件应符合国家现行有关标准要求：生活饮用水给水系统所涉及的材料必须符合现行《生活饮用水输配水设备及防护材料的安全性评价标准》(GB/T 17219)的相关要求。管道及管件的工作压力不得大于产品标准公称压力或标称的允许工作压力。在符合使用要求的前提下，应选用节能、节水型产品。

3.5.1　常用管材

二次供水管材应根据供水压力、敷设场所、成本控制等因素确定。

生活给水系统管材种类繁多，分为金属管、非金属管、复合管等。20世纪90年代以前，镀锌钢管曾因强度高、管件品种规格齐全、安装连接方便而得到广泛使用；后来由于管内壁容易锈蚀导致水质二次污染而被限制，不得在生活给水系统中使用。现在，常用的金属管有给水球墨铸铁管、薄壁不锈钢管、不锈钢管、铜管等，常用的非金属管有PP-R（无规共聚聚丙烯）给水管、PE（聚乙烯）给水管、PEX（交联聚乙烯）给水管、PVC-U（硬聚氯乙烯）给水管、PVC-C（氯化聚氯乙烯）给水管、PB（聚丁烯）给水管等，常用的复合给水管有衬塑钢管、涂塑钢管、内衬内覆不锈钢复合钢管、PSP（给水钢塑复合压力管）钢塑复合管、铝塑复合管等。

工程中，应根据建筑物标准、造价、耐压要求、敷设场所等选用合适的管材。对于住宅、别墅等居住建筑给水系统,宜选用金属管、非金属管或复合给水管;高层建筑的给水立管宜选用PSP钢塑复合管、内衬不锈钢复合钢管等强度高、变形小的管材;直饮水系统对水质要求更高,宜选用不锈钢管、铜管等优质管材。

1) 镀锌钢管

镀锌钢管(图3-6)分为冷镀锌钢管和热镀锌钢管。冷镀锌钢管由于镀锌层容易脱落,已于2000年被禁用。热镀锌钢管分为热镀锌焊接钢管和热镀锌无缝钢管,热镀锌钢管的镀锌层虽然短时间不容易脱落,但镀锌层是防腐层而不是防锈层,管内壁容易锈蚀,越来越多的省市已经限制使用热镀锌钢管(有内衬的除外)作为生活给水管。

2) 给水球墨铸铁管

给水球墨铸铁管(图3-7)常用HPT200或HT250灰铸铁离心浇铸,材质致密,防腐能力强,承压能力强,管内外表面光滑。

图3-6 镀锌钢管

图3-7 给水球墨铸铁管

当供水压力小于或等于0.75MPa时,宜采用普通型给水球墨铸铁管;当供水压力大于0.75MPa、小于1.6MPa时,应采用高压型给水球墨铸铁管。给水球墨铸铁管不能用于管内压力超过1.6MPa的场所。

给水球墨铸铁管一般采用橡胶圈柔性承插连接,与阀门等管路附件连接处采用法兰连接。采用橡胶圈柔性承插连接时,公称直径小于或等于300mm时宜采用推入式梯形胶圈接口,公称直径大于300mm时宜采用推入式楔形胶圈接口。

给水球墨铸铁管常作为室外埋地给水管。为了防止水侵蚀管壁,多向内壁涂衬水泥砂浆或环氧树脂防腐。

给水球墨铸铁管化学性质比较稳定,很难锈蚀,材料老化也非常缓慢,适合在室外埋地敷设。

3) 薄壁不锈钢管、铜管

薄壁不锈钢管和铜管是二次供水系统中比较高档的管材,供水卫生安全、使用寿命长且便于安装,近年来在二次供水工程中的应用逐渐增多。从应用角度考虑,两种管材的耐压能力、使用寿命有较多相近、相似之处。

薄壁不锈钢管(图3-8)壁厚一般为0.6~3mm,管材公称直径为DN15~DN300,采用304、304L、316或316L不锈钢加工而成。制造工艺不同,壁厚不同,耐压强度也不同。其耐压等级一般为1.6MPa;如果需要更高的承压能力,则不能采用薄壁不锈钢管,而应采用不锈钢管。

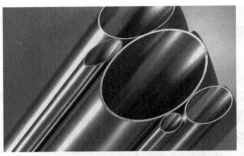

图3-8 薄壁不锈钢管

薄壁不锈钢管常用的连接方式有卡压式连接、卡套式连接、压缩式连接、锥螺纹连接、焊接连接等,连接简单快捷,连接处密封性能好。在引入管、进户管、支管接出部位以及同阀门、水表、水龙头等连接处,应采用螺纹或法兰等可拆卸连接方式。

不锈钢管长期使用后也不易滋生细菌,健康安全;强度较高、热胀系数低、性能稳定、耐腐蚀,经久耐用,寿命可达到100年;内壁光滑,水阻小、水头损失低,可有效降低输水成本;可100%回收利用,节能环保。

图3-9 铜管

铜管(图3-9)根据不同制造工艺、不同管径、不同耐压等级,也有不同壁厚。锅管壁厚一般为1.26~6mm,公称直径为DN15~DN200,常见的耐压等级有1.0MPa、1.6MPa、2.5MPa三种。

铜管常用的连接方式有钎焊连接、卡套连接、封压连接等。在引入管、进户管、支管接出部位以及同阀门、水表、水龙头等连接处,应采用卡套或法兰等可拆卸连接方式。

考虑到电化学腐蚀影响,薄壁不锈钢管、铜管不宜与其他金属材质的管材、管件、附件连接;当必须连接时,应采用转换接头等防电化学腐蚀的连接措施。

薄壁不锈钢管、铜管嵌墙敷设时,宜采用覆塑措施。如受条件限制不便覆塑,可在薄壁不锈钢管或铜管外表面涂刷1~2层环氧树脂,防止混凝土侵蚀管道。

4)覆塑铜管、覆塑不锈钢管

在铜管、不锈钢管外壁涂覆聚乙烯塑料层,即成为覆塑铜管(图3-10)、覆塑不锈钢管(图3-11),可起防腐、保湿的作用。其连接方式与铜管、薄壁不锈钢相同。

图3-10 覆塑铜管

图3-11 覆塑不锈钢管

5）内衬不锈钢复合钢管

内衬不锈钢复合钢管（图3-12）是不锈钢管与碳钢管的复合管材。该管材以碳钢管作为基管，通过旋压、缩径、冷扩、爆燃或钎焊等复合工艺，将薄壁不锈钢内衬管放入基管，并与基管复合而成。

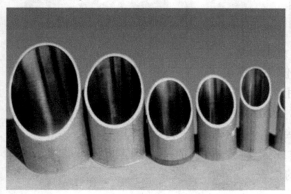

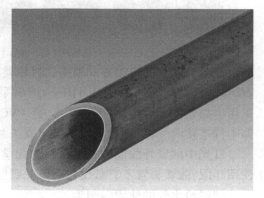

图3-12 内衬不锈钢复合钢管

内衬不锈钢复合钢管兼有不锈钢管卫生条件好、水流阻力小以及碳钢管强度高、价格低的优点，又克服了镀锌钢管易腐蚀、易结垢及塑料管易老化、不耐高温的缺陷，供水卫生安全，使用寿命长，且便于安装。

内衬不锈钢复合钢管的薄壁不锈钢内衬管仅用于将碳钢基管与输送的介质隔离，薄壁不锈钢本身并不承受流体压力。外面的碳钢管作为复合管的承压组件，可根据承压要求采用不同壁厚。常见的耐压等级有1.0MPa、1.6MPa、2.5MPa三种。

内衬不锈钢复合钢管的连接方式有螺纹连接（公称直径小于或等于100mm）、法兰连接（各种管径）、沟槽连接（公称直径大于或等于100mm）、焊接连接（各种管径）。在引入管、进户管、支管接出部位，及与阀门、水表、水嘴等连接处，应采用螺纹或法兰等可拆卸连接方式。

内衬不锈钢复合钢管外壁与镀锌钢管相同，埋地敷设时可采用与镀锌钢管相同的防腐措施。

6）塑料给水管

塑料管材具有水流阻力小、节能、节材、施工便捷等优点，在给排水领域得到了广泛的应用。

塑料给水管种类繁多,常用的 PP-R(有无规共聚聚丙烯)给水管、PE(聚乙烯)给水管、PEX(交联聚乙烯)给水管、PVC-U(硬聚氯乙烯)给水管、PVC-C(氯化聚氯乙烯)给水管、PB(聚丁烯)给水管等。不同管材化学原料不同,适用温度、耐压性能、毒理指标都不相同。

制造塑料给水管(图 3-13)的基材本身无毒,对人体健康有影响的是塑料加工过程中使用的某些添加剂。添加剂分散在塑料分子结构中,不影响塑料的分子结构,但能使基材便于制造和加工,有利改善基材的物理、化学特性,例如提高塑料的稳定性能、抗氧化性能、提高光照下的材料稳定性能等。

 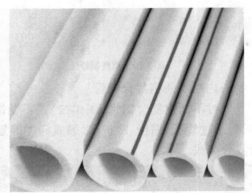

图 3-13　塑料给水管

塑料给水管的连接方式根据管材种类和使用场所确定。对于 PP-R 管、PE 管、PEX 管和 PB 管,公称直径小于或等于 110mm 时常采用专用设备热熔连接,公称直径大于 100mm 时常采用电热丝接头熔接;对于 PVC-U 管、PVC-C 管,常采用承插粘接。塑料给水管与阀门或管路附件连接时,应采用金属丝扣接口或法兰接口,不能采用非金属丝扣接口。

日光中的紫外线能破坏塑料中的化学键,使塑料分解,从而降低管道的耐压性能,缩短使用年限,故塑料管不宜敷设在有阳光照射的位置。

塑料给水管的使用限制为:

①热膨胀限制。用于高层建筑给水立管或横干管时,应限制使用或考虑伸缩补偿。由于塑料给水管热膨胀系数大,较长的主干管的支管连接处易累积较大的变形,造成断裂漏水。如果较长的立管或横干管上无法采用自然伸缩补偿,不宜采用塑料管,建议采用金属管或金属复合管。

②温度限制。各种塑料管都有其耐温限制,在不同温度下最大工作压力有所折减,设计时应根据水温和环境温度确定管材和壁厚。

③需要考虑管材及黏结剂对饮用水毒理指标的影响。应尽量减少在生活给水系统中使用 PVC-U 管、PVC-C 给水管等耐温低、毒理指标稍高的低端塑料管道。

7)复合给水管

复合给水管由两种或两种以上的材料复合加工而成,通常为塑料材料和金属材料的复合。复合给水管综合了几种单一材料的优点,具有塑料管材防腐性能好和金属管材承压性能强的优点。

常用的复合给水管有衬塑钢管、涂塑钢管、PSP 钢塑复合管、铝塑复合管等。

(1)衬塑钢管

衬塑钢管(图 3-14)由焊接钢管或无缝钢管内衬 1 层聚乙烯塑料(或其他塑料)制成,塑料层厚度一般不小于1mm。管内输送的水只与内层塑料接触,不接触外部钢层。衬塑钢管解决了热镀锌钢管影响水质的问题。管道外部的钢层使得衬塑钢管具有强度高、热膨胀系数低的优点,可用于高层建筑给水立管或横干管。

当衬塑钢管公称直径小于或等于80mm、系统工作压力小于或等于1.0MPa时,宜采用螺纹连接;系统工作压力大于1.0MPa或公称直径大于或等于100mm时,宜采用法兰连接或沟槽连接。当系统工作压力小于或等于1.0MPa时,宜采用衬塑焊接钢管;系统工作压力大于1.0MPa时,宜采用衬塑无缝钢管。

(2)涂塑钢管

涂塑钢管(图3-15)是在钢管内壁涂覆厚度不超过1mm的薄塑料层,起到将管内输送的水与钢管隔开的作用。涂塑钢管对塑料与钢的附着制作工艺要求非常高。由于塑料层较薄,与钢管的附着稍有缺陷时,水就会由缺陷部位进入塑料与钢之间的微小缝隙,引起缝隙扩大,可能导致塑料层完全剥落。选用涂塑钢管时,一定要选用解决了塑料与钢管附着工艺难题的优质品牌。

图3-14 衬塑钢管

图3-15 涂塑钢管

(3)PSP钢塑复合管

PSP钢塑复合管(图3-16)是以焊接钢管或无缝钢管为中间层,以聚乙烯或聚丙烯塑料为内外层,通过挤出成型方法复合成一体的管材。PSP钢塑复合管相对塑料管具有承压高、抗冲击能力强等特点;内外层的塑料可起防腐蚀作用,具有内壁光滑、耐化学腐蚀、无二次污染、流体阻力小、不结垢、不滋生微生物、使用寿命长等优点。克服了钢管存在的易锈蚀、使用寿命短和塑料管存在的强度低、热膨胀系数大、易变形的缺陷,兼具有钢管和塑料管的优点。

根据不同的应用场合和管道生产厂商的制造技术,PSP钢塑复合管有多种连接方法,常见的有:

①卡压(沟槽)式管件连接。连接安装方便,承压能力强,易于维修。在地面上敷设时采用不锈钢管件和铜管件,埋地敷设时则不采用这种连接方式。

②扩口式压接。采用专用工具对管道进行扩口,扩口后再用专用管件连接管道。该连接方式承压能力强,管道不缩径,水头损失小。

③双热熔连接或电磁感应加热双热熔连接。采用专用热熔工具或电磁感应加热热熔工具将管材与管件内、外塑料热熔后紧密连接。

④法兰连接。易于拆卸和维修,多用于与阀门、管路附件及设备连接处。

图 3-16 PSP 钢塑复合管实物及结构图

(4) 铝塑复合管

由铝合金与塑料复合而成。由内至外依次为塑料(PE 或 PEX)、热熔胶、铝合金、热熔胶、塑料(PE 或 PEX)。铝塑复合管宜采用卡套式连接,或专用接头连接。选用接头时,需考虑接头对过水断面的影响。

3.5.2 管路附件

常用管路附件包括各类控制调节阀门、止回阀、减压阀、泄压阀、安全阀、水位控制阀、倒流防止器、过滤器等。

1) 闸阀、截止阀、蝶阀

闸阀实物及结构图见图 3-17,截止阀实物及结构图见图 3-18,蝶阀实物及结构图见图 3-19。

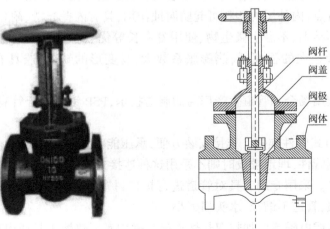

图 3-17 闸阀实物及结构图

 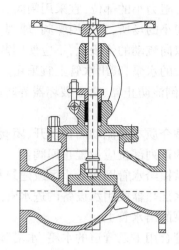

图 3-18 截止阀实物及结构图

 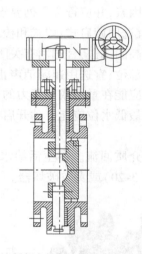 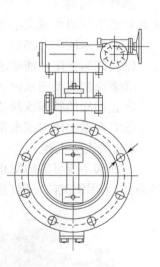

图 3-19 蝶阀实物及结构图

给水管道的下列部位应设置阀门：

①小区给水管道引入管上。

②小区室外环状管网的节点处，应按分隔要求设置。环状管段过长时，宜设置分段阀门。

③从小区给水干管上接出的支管起端或接户管起端。

④入户管、水表前和各分支立管起端。

⑤室内给水管道向住户、公用卫生间等接出的配水管起端。

⑥水池（箱）、水泵出水管、自灌（自吸）式水泵吸水管、加热器进出水管、冷却塔进出水管、减压阀进出水管、倒流防止器进出水管等处应按要求配置。

⑦大便器、小便器、洗脸盆、淋浴器等卫生器具的进水管上。

⑧自动排气阀、泄压阀、压力表、洒水栓等管路附件的上游管段。

给水管道上的阀门应根据使用要求按下列原则选型：

①需调节流量、压力时，宜采用截止阀、调节阀。

②要求水流阻力小的部位,宜采用闸阀、球阀、半球阀。
③安装空间小的场所,宜采用蝶阀、球阀。
④水流需双向流动的管段上,不应使用截止阀。
⑤口径较大的水泵,其出水管上宜采用多功能控制阀。

2)止回阀、倒流防止器、真空破坏器等防回流附件

(1)止回阀

止回阀依靠介质本身流动而自动开、闭阀瓣,用来防止介质倒流。

给水管道的下列部位应设置止回阀:

①直接从城镇给水管网接入小区或建筑物的引入管上。
②密闭的水加热器或用水设备的进水管上。
③每台水泵的出水管上。
④进出水管合用1条管道的水箱、水塔和高地水池的出水管上。

选择止回阀时,应综合考虑止回阀的安装位置、阀前水压、关闭后的密闭性能要求和关闭时可能引发的水锤大小等因素,并应符合下列要求:

①阀前水压小的部位,宜选用旋启式、球式和梭式止回阀。
②关闭后密闭性能要求高的部位,宜选用有关闭弹簧的止回阀。
③要求削弱关闭水锤的部位,宜选用速闭消声止回阀或有阻尼装置的微阻缓闭止回阀。
④止回阀的阀瓣或阀芯应能在重力或弹簧力的作用下自行关闭。
⑤管网最小压力或水箱最低水位应能自动开启止回阀。

(2)倒流防止器

止回阀不能可靠地防止介质回流。在生活给水系统中,如果需要防止水质因回流而被污染,应采用倒流防止器(图3-20)或真空破坏器。

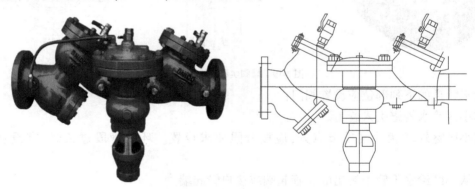

图3-20 倒流防止器实物及结构图

倒流防止器是一种严格限定管道中的水只能单向流动的水力控制组合装置,能有效避免对生活饮用水水质的污染,确保生活供水安全。

从生活饮用水管道上直接接出下列用水管道时,应在这些用水管道上设置倒流防止器:

①从城镇给水管网的不同管段接出2路及2路以上的引入管,且与城镇给水管形成环状管网的小区或建筑物,在其引入管上。
②从城镇生活给水管网直接抽水的水泵的吸水管上。
③利用城镇给水管网水压且小区引入管无防回流设施时,向商用的锅炉、热水机组、水

加热器、气压水罐等有压容器或密闭容器注水的进水管上。

从小区或建筑物内生活饮用水管道系统上接至下列用水管道或设备时,应设置倒流防止器:

①单独接出消防用水管道时,在消防用水管道的起端。

②从生活饮用水贮水池抽水的消防水泵出水管上。

③生活饮用水管道系统上接至下列含有害有毒物质的场所或设备时,应设置倒流防止设施:贮存池(罐)、装置、设备的连接管上。化工剂罐区、化工车间、实验楼(医药、病理、生化)等除设计倒流防止器外,还要设置空气间隙。

倒流防止器的设置位置应满足下列要求:

①不应安装在有腐蚀性和污染的环境中。

②排水口应采用间接排水,不得直接接至排水管。

③应便于维护,不得安装在可能结冻或被水淹没的场所。

倒流防止器可分为减压型倒流防止器、低阻力倒流防止器和双止回阀倒流防止器3类:

①减压型倒流防止器由2个独立工作的止回阀组成,之间外接1个差压泄流排水阀。通常将这些部件集成为1个阀体。其水头损失较大,一般为7~10m。

②低阻力倒流防止器为中国首创,有减压型与非减压型。非减压型低阻力倒流防止器利用水力控制原理,采用与减压型倒流防止器不同的控制方式,在确保以空气隔断形式存在的高等级隔断安全性前提下,尽可能降低水头损失。在流速为2.5m/s时,水头损失一般为2~4m。

③双止回阀倒流防止器是2个止回阀的串联组合体,可以起到一定的防倒流作用,只能用于回流污染危害程度低的场所。

(3)真空破坏器

真空破坏器(图3-21)可防止管道内形成真空、产生虹吸,防止下游容器内的水倒流进入上游供水管道而污染上游供水。常用的真空破坏器有大气型和压力型。

从小区或建筑物内生活饮用水管道上直接接出下列用水管道时,应在这些用水管道上设置真空破坏器:

①当游泳池、水上游乐池、按摩池、水景池、循环冷却水集水池等的充水或补水管道出口与溢流水位之间的空气间隙小于出口管径的2.5倍时,在其充(补)水管上。

②不含有化学药剂的绿地喷灌系统,当喷头为地下式或自动升降式时,在其管道起端。

③消防(软管)卷盘。

④出口接软管的冲洗水嘴与给水管道连接处。

真空破坏器的设置位置应满足下列要求:

①不应安装在有腐蚀性和污染的环境中。

图3-21 真空破坏器

②应直接安装于配水支管的最高点。其位置高出最高用水点或最高溢流水位的垂直高度,压力型不得小于300mm,大气型不得小于150mm。

③真空破坏器的进气口应向下。

(4)防回流附件的选择

设置倒流防止器、真空破坏器都是生活给水系统防回流污染的有效措施。应根据回流性质、回流污染的危害程度选择。《建筑给水排水设计标准》(GB 50015—2019)的规定见表3-21。

饮用水回流污染危害程度　　　　　　　　　　　　　　表3-21

生活饮用水与之连接场所、管道、设备		回流污染危害程度		
		低	中	高
贮存有害有毒液体的罐区		—	—	√
化学液槽生产流水线		—	—	√
含放射性材料加工及核反应堆		—	—	√
加工或制作毒性化学物的车间		—	—	√
化学、病理、动物试验室		—	—	√
医疗机构医疗器械清洗间		—	—	√
尸体解剖、屠宰车间		—	—	√
其他有毒有害污染场所和设备		—	—	√
消防	消火栓系统	—	√	—
	湿式喷淋系统、水喷雾灭火系统	—	√	—
	简易喷淋系统	√	—	—
	泡沫灭火系统	—	—	√
	软管卷盘	—	√	—
	消防水箱(池)补水	—	√	—
	消防水泵直接吸水	—	√	—
中水、雨水等再生水水箱(池)补水		—	√	—
生活饮用水水箱(池)补水		√	—	—
小区生活饮用水引入管		√	—	—
生活饮用水有温、有压容器		—	√	—
叠压供水		√	—	—
卫生器具、洗涤设备给水		—	√	—
游泳池补水、水上游乐池等		—	√	—
循环冷却水集水池		—	—	√
水景补水		—	√	—
注入杀虫剂等药剂的喷灌系统		—	—	√
无注入任何药剂的喷灌系统		√	—	—
畜禽饮水系统		—	√	—
冲洗道路、汽车冲洗水管		—	√	—
垃圾中转站冲洗给水栓		—	—	√

根据生活饮用水回流污染危害程度,可选择的防回流附件见表3-22。

防回流附件 表3-22

防回流附件	回流污染危害程度					
	低		中		高	
	虹吸回流	背压回流	虹吸回流	背压回流	虹吸回流	背压回流
减压型倒流防止器	√	√	√	√	√	√
低阻力倒流防止器	√	√	√	√	—	—
双止回阀倒流防止器	—	√	—	√	—	—
压力型真空破坏器	√	—	√	—	√	—
大气型真空破坏器	√	—	—	—	—	—

3）减压阀

减压阀（图3-22）通过水力或机械调节，将进口压力减至某一需要的出口压力或压力范围。从流体力学的观点看，减压阀是一个局部阻力可以变化的节流部件，通过改变过流断面，使介质流速及动能改变，造成不同的阻力损失，从而达到减压的目的。

减压阀的种类很多，给水系统中常用的有可调式减压阀、比例式减压阀、单级减压阀、双级减压阀、三级减压阀、分户减压阀等：

图3-22 减压阀

①可调式减压阀的出口压力可调，分为稳压式减压阀、差压式减压阀。稳压式减压阀的出口压力不随进口压力的变化而变化。差压式减压阀进、出口之间的动态减压差相对稳定，且出口压力可调。差压式减压阀分为直接作用式和先导式两种结构形式：直接作用式减压阀具有止回功能，用于水循环系统时称为压差旁通阀；先导式减压阀利用减压先导阀（直接作用式减压阀）以水力方式控制主阀，使主阀出口压力或进、出口压差保持相对稳定，且出口压力可调。

②比例式减压阀是指进口压力与出口压力成稳定比例关系的给水减压阀，出口压力不可调。

③双级、三级减压阀是指由两级或三级减压装置串联组合成一体的减压阀，又称串联式多级减压阀，双级减压阀的减压比可达9:1，三级减压阀的减压比可高达12:1。

④分户减压阀是指用于用户进户前减压的减压阀，有单级减压型和双级减压型，出口压力均可调节。

当给水管网的供水压力高于配水点允许的最高使用压力时，应设置减压阀。减压阀的设置应符合下列要求：

①比例式减压阀的减压比不宜大于3:1；当减压比大于3:1时，应避开气蚀区。可调式减压阀的阀前与阀后最大压差不宜大于0.4MPa；当最大压差超过规定值时，宜串联设置。对比例式减压阀的减压比和可调式减压阀的减压差加以限制，是为了防止减压阀产生气蚀，减少振动及水流噪声。

②阀后配水件处的最大压力应按减压阀失效工况进行校核，其压力不应大于配水件的产品标准所规定的水压试验压力。当减压阀串联设置时，可按其中一个减压阀失效工况复核阀后最高压力。配水件的试验压力应按其公称压力的1.5倍计。

③减压阀前管段的水压宜保持稳定，阀前的管道不宜兼做配水管。

④当阀后压力允许有波动时,可采用比例式减压阀。当阀后压力要求稳定时,应采用可调式减压阀。

⑤在供水保证率要求高、停水会引起重大经济损失的给水管道上设置减压阀时,宜采用两个减压阀,并联设置,且不得设置旁通管。减压阀并联设置的作用是当一个减压阀损坏失效时,可将其关闭检修,使管路不需停水检修。如果在减压阀设置部位增设旁通管,因旁通管阀门不严密而产生的渗漏将导致减压阀失效。

⑥减压阀的公称尺寸宜与管道管径一致。

⑦减压阀前应设置控制阀门和管道过滤器。需拆卸阀体才能检修的减压阀后部应设置管道伸缩器。当检修时阀后管段的水会倒流时,阀后应设控制阀门。

⑧减压阀组的前、后管段上应装设压力表。

⑨比例式减压阀宜垂直安装,可调式减压阀宜水平安装。

⑩减压阀应设置在便于管道过滤器排污和减压阀检修的位置,地面宜有排水设施。

⑪给水减压阀的设置方法详见现行《建筑给水减压阀应用技术规程》(CECS 109)。给水减压阀的主要设计参数可按表3-23选取。

给水减压阀的主要设计参数　　　　　　　　　　　　　　　　表3-23

减压阀类型		主要技术参数				
		减压比	出口压力流量特性偏差	出口压力特性偏差	减压阀动态压差(MPa)	出口压力动静压升(MPa)
比例式减压阀		(4:1)	≤15%P_2	—	≥0.30	≤0.1
		3:1			≥0.20	
		(2.5:1)			≥0.18	
		2:1			≥0.15	
		(1.5:1)			≥0.15	
可调式减压阀	稳压式减压阀	直接作用式	≤3:1	≤10%P_2	≤10%P_2	≥0.15
		先导式				
	差压式减压阀	直接作用式	≤3:1	≤10%P_2	—	≥0.03
		先导式				≥0.05
双级减压阀		≤8:1	≤10%P_2	≤10%P_2	≥0.40	

注:1. P_2指调后压力。
　　2. 依据比例式减压阀流量-压力特性曲线,在P_2减小15%时的流量应大于设计流量。
　　3. "( )"内数值为非常规数据,一般较少选用。
　　4. 出口压力的动静压升可根据厂家提供的数据确定。
　　5. 双级减压阀的减压比可为3.5:1~8:1。

⑫现行《民用建筑节水设计标准》(GB 50555)、《住宅设计规范》(GB 50096)都规定住宅套内用水点供水压力不应(不宜)大于0.20MPa,可在超过此压力楼层的分户水表下游管段设置可调式分户减压阀。

4) 泄压阀、安全阀

泄压阀(图3-23)和安全阀可根据系统的工作压力自动启闭,一般安装在封闭系统的设备或管路上以保护系统安全。当设备或管道内压力超过设定压力值时,自动开启泄压。

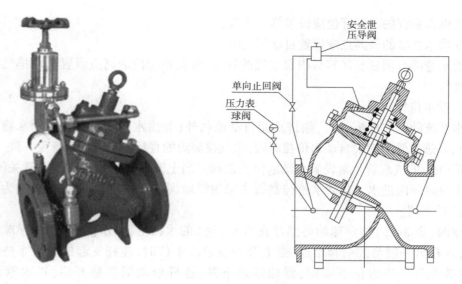

图 3-23 泄压阀及结构图

泄压阀和安全阀的区别在于泄流量的大小。泄流量大的为泄压阀,泄流量小的为安全阀。生活供水系统中多采用泄压阀,当水压超过系统的安全工作压力时能够自动开启泄压,水压低于设定压力时能够自动闭合,保护设备和管道内的压力在安全范围之内。安全阀多用于压力容器因超温引起的超压泄压。可调式减压阀和比例式减压阀的下游宜设置安全阀,以防止减压阀减静压失效时下游管段超压。

给水系统中泄压阀的设置应符合下列要求:

①泄压阀前应设置控制阀门(安全阀前则不得设置阀门)。

②泄压阀的泄水口应连接排水管道,泄压水宜排入非生活用水水池,既可以利用水池储水消能,又可以避免水资源浪费。当需要排放时,宜间接排入集水井或排水沟。

5)排气阀

排气阀(图3-24)用于排出管道内的气体。因水中溶解有一定量的空气,在管道输送过程中,部分空气会从水中逸出,随着水流移动或在管道高点积聚形成气囊。当供水管网停水后再通水时,这些空气囊会影响水的流态,增大供水阻力,甚至阻挡水流前行。在供水管的高点设置排气阀,可有效排除管道内的积聚气体。

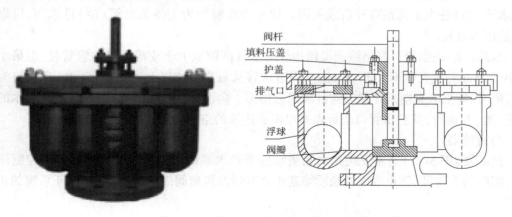

图 3-24 排气阀

二次供水系统的下列部位应设置排气装置：

①在供水立管的最高点应设置自动排气阀。

②给水管网有明显起伏容易积聚空气的管段，宜在该管段的高点设置自动排气阀或手动阀门排气。

6）自动水位控制阀

给水系统的调节水箱（池），除进水能自动控制外（如由水箱水位远程控制水箱补水泵的启停），其进水管上应设自动水位控制阀，水位控制阀的直径应与进水管管径一致。

水箱（池）的进水管处常设置自动水位控制阀。当上升到设定水位时进水管关闭，当低于设定水位时开阀进水。自动水位控制阀常采用浮球阀、电磁阀和以水力控制阀为主体的水箱（池）进水阀。

浮球阀（图3-25）的浮球始终漂浮在水箱（池）的水面上，当水面上升时，浮球带动连杆上升，连杆另一端与控制阀相连，当上升到设定高水位时，连杆支起橡胶活塞垫隔断水源，进水被关停。当水位下降时，浮球随之下降，连杆带动活塞垫开启，进水管向水箱（池）补水。

电磁阀（图3-26）由水箱内的浮漂或电子液位计提供水位信号，控制电路根据液位高度开启或关闭电磁阀。电磁阀公称直径较小，一般不大于40mm。进水管口径大时可采用电动阀，电动阀由电机驱动阀杆开启或关闭。

图3-25 浮球阀

图3-26 电磁阀

以水力控制阀为主体的水箱（池）进水阀，由先导阀控制主阀开启或关闭，常采用DN15、DN20的小浮球阀或小电磁阀作为水力控制阀的先导阀。小浮球阀或小电磁阀开启或关闭时，水箱（池）进水主阀跟着开启或关闭。以水力控制阀为主体的水箱（池）进水阀，可靠性高、使用寿命长。

水箱（池）进水管口高出液面溢流边缘的空气间隙应大于或等于进水管管径，但最小不应小于25mm，最大可不大于150mm。当进水管从最高水位以上进入水箱（池）且管口为淹没出流时，应采取真空破坏器等防虹吸回流措施。向消防、中水和雨水回用等其他用水的贮水箱（池）补水时，其进水管口最低点高出溢流边缘的空气间隙不应小于150mm。

7）过滤器

过滤器（图3-27）通常安装在水泵吸水管及给水系统中减压阀、泄压阀、液位控制阀等精密阀门的上游，以防止水中的杂质堵塞水泵叶轮及精密阀门的细小部位，保证系统的正常运行。

过滤器的滤网应采用耐腐蚀材料，滤网孔径应按使用要求确定。

 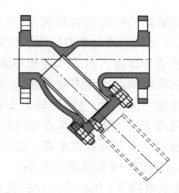

图 3-27 过滤器

二次供水系统的下列部位应设置过滤器：
①减压阀、泄压阀、自动水位控制阀、温度调节阀等阀件前端。
②水泵吸水管上。

在给水管道中不宜串联设置过滤器。串联重复设置管滤器，不仅增加工程造价，而且增加管道局部阻力，能耗更多。

3.5.3 常用仪表

二次供水工程中常用的仪表包括水表、超声流量计、二次供水专用智能电磁流量计、机械压力表、压力传感器、真空表、温度计、温度传感器、在线水质检测仪等，这些仪表能够起到计量水量及监控供水系统工作状况的作用。

1）水表

水表按照工作原理分为容积式水表和速度式水表两种。容积式水表测量的是经过水表的实际流体的体积，误差可以控制在±0.5%甚至更低的水平，精确但价格较昂贵，一般仅用于精工企业或者试验测试等场所，民用建筑中几乎不用。速度式水表中有一个运动元件，水流直接冲击运动元件，使其获得运行速度。典型的速度式水表有旋翼式水表和螺翼式水表。根据经过流体速度的不同，速度式水表会有±2%左右的误差。速度式水表价格较低，大量用于二次供水系统中。

旋翼式水表适用于小口径管道的单向水流总量的计量。常用口径有15mm、20mm、25mm、32mm、40mm、50mm、65mm，多用于住户、商业网点等最终用水点的水量计量。旋翼式水表由表壳、滤水网、计量机构、指示机构等组成。计量机构由叶轮盒、叶轮、叶轮轴、调节板组成。指示机构有刻度盘、指针、三角指针或字轮、传动齿轮等。水由水表进水口进入表壳内，经滤水网，由叶轮盒的进水孔进入叶轮盒内，冲击叶轮使其转动，水再由叶轮盒上部出水孔经表壳出水口流向管道内，叶轮下部由顶针支撑。叶轮转动后，叶轮中心轴带动上部的中心齿轮转动，带动叶轮盒内的传动齿轮按转速比的规定转动，带动度盘上的指针。三角指针开始转动后，以十进位的传递方式带动其他齿轮和上部指针，按照度盘上的分度值，顺时针方向转动进行计量。

螺翼式水表适用于较大口径管道的单向水流总量的计量。常用口径有50mm、65mm、80mm、1000mm、125mm、150mm、200mm、250mm、300mm，多用于供水干管或较大配水支管的水量计量。螺翼式水表由表壳、计量机构、指示机构等组成。当水流进入水表后，沿轴线方

· 75 ·

向冲击水表螺翼形的叶轮旋转后流出,叶轮的转速与水流速度成正比,经过减速齿轮传动后,在指示装置上显示通过水表的用水总量。

旋翼式水表和螺翼式水表均为机械水表,都是靠水流推进叶轮转动来计量用水量的。旋翼式水表的旋转轴与水流方向垂直,在旋转轴上安置有若干片径向旋转翼。螺翼式水表的旋转轴与水流方向平行,在旋转轴上安置有若干片螺翼状旋转翼。它们最大的区别是水流与转轴垂直或平行。旋翼式水表和螺翼式水表各有优缺点,旋翼式水表阻力损失较大,螺翼式水表计量精度不如旋翼式水表。通常管道公称直径不大于50mm的场合采用旋翼式水表,大于50mm的场合采用螺翼式水表。

IC卡(集成电路卡)水表(图3-28)是利用微电子技术、传感技术、智能IC卡技术,对用户用水量进行计量、数据传递及结算交易的新型水表。IC卡水表由普通机械水表加上电子控制模块组成,其外观与一般水表相似,安装过程相同。它可对用水量进行记录和电子显示,按照约定对用水量自动进行控制,自动完成阶梯水价的水费计算,存储用水数据。其数据传递和交易结算通过IC卡进行。IC卡水表的使用简单,将含有充值金额数据的IC卡片插入水表中的IC卡读写器,数控模块识别和读取金额后,阀门开启,用户可以正常用水。当用户用水时,水量采集装置采集用水量,转换成电子信号供数控模块进行计量,并在显示模块上显示出来。当充值金额下降到一定数值时,数控模块进行声音报警,提示用户持卡交费购水。如充值金额用尽,则数控模块会将电控阀门关闭,切断供水,直至用户插入重新充值交费的IC卡,开启阀门进行供水。IC卡水表可实现由工作人员上门抄表收费到用户自己去营业所充值缴费的转变。

图3-28 常用的IC卡水表

智能远传水表(图3-29)由普通机械水表加上电子采集通信模块组成,其外观与一般水表相似,安装过程相同。电子模块完成用水量数据信号采集、数据处理、存储并将数据通过通信线路上传给中继器或者手持式抄表器。可以实时将用户用水量记录并保存,或者直接读取当前累计数。每块水表都有唯一的代码,当智能远传水表接收到抄表指令后,可即时将水表数据上传给管理系统,由终端设备统一读取水表数据并计算水费。管理系统的规模可以是一栋楼或整个小区,甚至可以大到整个城市的所有远传水表。智能远传水表是二次供水计量的发展方向。

水表应设置在以下位置:

①建筑物引入管、住宅入户管及公共建筑物内需单独计量水量的给水管上。

②单元住宅楼的分户水表宜相对集中设置,且宜设置于户外。对设在户内的水表,宜采用远传水表或IC卡水表等智能水表。

图 3-29 常用的智能远传水表

水表口径应符合以下要求：

①对于用水量相对均匀的给水系统（如用水量相对集中的工业企业生活间、公共浴室、洗衣房、公共食堂、体育场等建筑物），用水密集，其设计秒流量与最大小时平均流量折算成的秒流量相差不大，应以设计秒流量来选择水表的常用流量。

②对于住宅、旅馆、医院等用水分散的建筑物，其设计秒流量为最大日最大时中某几分钟的高峰用水时段的平均秒流量，如按此确定水表的常用流量，则水表多在比常用流量小或小得多的情况下运行，水表口径偏大。为此，这类建筑宜按给水系统的设计秒流量确定水表的过载流量。

③居住小区由于人数多、规模大，按设计秒流量计算的结果已接近最大用水时的平均秒流量，宜将设计秒流量作为住宅小区引入管水表的常用流量。如引入管为 2 条及 2 条以上时，则应平均分摊流量。

④在消防时，除生活用水外还需通过消防流量的水表，应以生活用水的设计流量叠加消防流量进行校核，校核流量不应大于水表的过载流量。

水表的设置应符合以下要求：

①水表应设在不冻结、不被任何液体及杂质淹没、不易受损、不被日光曝晒处。

②水表应设在便于读数、安装、维修和拆卸的地点，地坪应无障碍。

③应采取防止因冲击和振动引起水表损坏的措施。

④连接水表的管道不应承载过度的应力，水表的前后管段应设置支托架，必要时水表前后宜设置柔性接头。

⑤水表表壳的箭头方向应与水流方向一致。

⑥水表前后应加装阀门（住宅户表后可不安装阀门），水表和表后阀门之间宜安装泄水阀。

⑦水表前后 8 倍管径范围内，管径不应有突然变化，以减少对水表计量精度的影响。

⑧当水表所在部位的水流有可能发生倒流时，应在表后设置止回阀；向加热设备或其他非饮用水系统供水时应在表后设置止回阀或采取其他防回流措施。

2）超声流量计

超声流量计是通过超声波测量管道水流量的一种新型计量仪表。采用时差式测量原理，第一个探头发射超声波信号穿过管壁、介质、另一侧管壁后，被第二个探头接收到，同时，第二个探头同样发射超声波信号，并被第一个探头接收到。由于受到介质流速的影响，二者存在时间差,根据推算可以得出流速值,进而得到流量值。

超声流量计是一种非接触式仪表,与机械式水表相比,具有精度高、可靠性好、量程比宽、无任何活动部件、使用寿命长、可任意角度安装、可测量大管径等特点。超声水表的电子信号可以非常方便地与 IC 卡水表、智能水表结合,为智能水表提供测量数据。

3)二次供水专用智能电磁流量计

图 3-30 二次供水专用智能电磁流量计

二次供水专用智能电磁流量计(图 3-30)专门针对二次供水系统的特点研发设计,其特点是:体积小,适宜在二次供水设备及泵房出水管上安装;采用低频矩形波励磁方式,功耗低,抗干扰性强,零点稳定,测量精度高;测量段无机械转动部件,基本无压力损失,工作稳定,使用寿命长;可用于测量瞬时流量和累计流量,并可正反双向测量;可通过计量系统的累计流量和用电量实时进行能耗分析,还可通过流量突变测量及时发现可能存在的系统爆管、泄漏事故,以便及时修复;通过用户抄表数与计量数据的对比分析,可及时发现漏损现象。

4)机械压力表、压力传感器

机械压力表(图 3-31)通过表内机芯的转换机构将弹性敏感元件(波查管、膜盒、波纹管)的弹性形变传导至指针,引起指针转动来显示压力。机械压力表价格较低,无须供电,只能人工读数。

压力传感器(图 3-32)能将压力敏感元件感受到的检测量转换成电信号,经过转换电路处理后显示压力值。压力传感器能传输测量结果至控制主机或分析终端,作为测量、分析、控制的基础数据,进行更智能更复杂的后续处理。

图 3-31 机械压力表　　图 3-32 压力传感器

二次供水系统中广泛使用机械压力表和压力传感器。随着智能技术和网络技术的发展,压力传感器的应用将越来越广泛。

5)真空表

给水排水领域只使用真空压力表,因此给排水专业的"真空表"特指真空压力表。真空压力表是以大气压力为基准,用于测量小于大气压力的仪表。真空表与压力表外观相似,内部结构也有相同之处。

供水工程中,只在水泵的吸水管上设置真空表,用以测量水泵吸水管的吸上真空度,判断水泵的工作状态,确保水泵叶轮及水泵内腔不发生汽蚀。

6）温度计、温度传感器

温度计用于测量温度,分为指针温度计和数字温度计。给排水行业常用的温度计有玻璃管温度计、双金属片指针式温度计、电子温度计。

温度传感器是电子温度计中的温度敏感元件,常采用半导体材料、热电偶等。电子温度计将温度传感器感受到的检测量转换成电信号,经过电路处理后显示温度值。

二次供水工程中,温度计可用于测量泵房环境温度、水箱水温、电伴热管道温度等。

严寒地区的供水设备和管道除采用相关保温措施外,宜设置一定数量的温度计,并宜采用带远传功能的电子温度计,当储水箱、管道温度低于设定值时可发出声光报警。

7）在线水质检测仪

在线水质检测仪（图3-33）由水质检测传感器、数据处理设备、通信设备、报警设备等组成。水质检测传感器能实时监测供水系统的 pH 值、浊度、余氯等水质指标;数据处理设备通常是单板机或平板电脑,存储水质检测传感器测量到的实时数据并进行数据分析,当水质指标超标时自动报警。数据处理设备与通信设备连接后,能经由无线网与控制中心联络通信。控制中心可以是二次供水的物业管理方,也可以是城市水务部门。设备供应厂商也能在得到授权的情况下读取测量数据,了解设备运行状况。控制中心在接收到水质超标警报后,可及时采取人为干预措施。

图 3-33 在线水质检测仪

为实时在线获取更多的水质信息,科研人员研发出多种水质检测传感器,例如能检测二次供水系统中细菌数量的装置。以往,在供水系统中无法实时检测水中的细菌数量,常采用检测浊度的方式来间接评估水中的细菌量,但是并不精确。

细菌数量实时检测装置通过高速显微摄像技术拍摄水流,对采集到的图像进行数据分析,区分细菌与非细菌,实时计算水中的细菌数量。

随着科学技术的不断进步,将会有更多、更精密、更实用的在线水质检测仪应用到二次供水领域。

3.6 水锤防护

3.6.1 水锤现象

在供水有压管道中,由于某种原因（如管道中阀门突然启闭或水泵机组突然停车）使管中水流速度突然发生急剧变化,引起管内压强大幅度波动的现象,称为水击或水锤（Water Hammer）。水锤是流体的一种非稳定流动形式,即液体运动中所有空间点处的加速度、流速、动水压强等运动要素会随空间位置和时间的变化而改变。

当管道中发生水锤时,液体分子质点随着压力的交替升降而相应地呈现密疏状态的交替变化,这种变化以纵波的形式沿管路往复传播,因此水锤是一种波动现象。水锤波动的全过程包括了压力波的产生、传播、反射、干涉乃至消失,而导致这些现象发生的关键因素是水流的惯性和可压缩性。水流的惯性维持流体原来的运动状态,但流体的压缩和膨胀(因流速剧烈变化而产生)又会引起水流运动状态的改变,这两方面的对立统一是水锤现象发生的根本原因。

水锤可引起管内压强急剧升高,可使管道压强在短时间内达到平时正常工作时的几十倍甚至几百倍。管中压强的大幅度波动变化有很强的破坏性,可导致管道系统的强烈振动,发出噪声,造成阀门破坏、管件接口断开,甚至发生管道爆裂等重大事故。

3.6.2 水锤发生的原因

以管道末端阀门突然关闭为例说明水锤波动现象。

设管道长度为 l,直径为 d,末端阀门关闭前管道水流为恒定流,流速为 v_0。若不计算流速水头和水头损失,沿程各断面压强水头均为 $\frac{p_0}{\rho g} = H$,如图 3-34 所示。阀门突然关闭时,紧靠阀门的水段(mn 段)突然停止流动,流速由 v_0 变为零,根据质点系的动量定理,该段水动量的变化等于外力的冲量,这个外力是阀门的作用力。因外力作用,水的应力(即压强)增至 $p_0 + \Delta p$,增高的压强 Δp 称为水击压强。很大的水击压强使停止流动的水层压缩,周围管壁膨胀。后面的水层在进占前面一层因体积压缩、管壁膨胀而余出的空间后才停止流动,同时压强增大,体积压缩,管壁膨胀,如此持续向管道进口传播。由此可见,阀门瞬时关闭,管道中的水不是在同一时刻停止流动,压强也不是在同一时刻增大 Δp,而是以波的形式由阀门传向管道进口。从以上现象得出,管道内水流速度突然变化的因素(如阀门突然关闭)是引发水击的条件,水本身具有惯性和压缩性则是发生水击的内在原因。

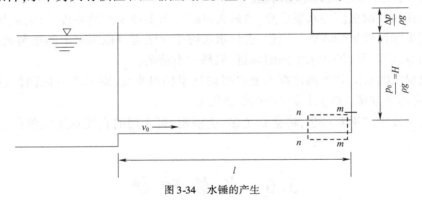

图 3-34 水锤的产生

3.6.3 水锤的传播过程

水锤以波的形式传播,称为水锤波,其典型传播过程如图 3-35 所示,分析如下:

①第一阶段:水锤以增压波的形式从阀门处向管道进口传播。设阀门在初始时间(即 $t=0$)瞬时关闭,增压波从阀门向管道进口传播,波传到之处水流停止运动,压强增至 $p_0 + \Delta p$。未到之处,水仍以 v_0 流动,压强为 p_0。以 a 表示水锤波的传播速度,则在 $t = l/a$ 时,水锤波将传到管道进口,全管压强均为 $p_0 + \Delta p$,处于增压状态。

②第二阶段:水锤以减压波的形式从管道进口向阀门处传播。当 $t = l/a$ 时(即第一阶段结束,第二阶段开始时),管内压强 $p_0 + \Delta p$ 大于进口外侧水压强 p_0,在压强差 Δp 作用下,管道内

紧靠进口的水以流速 $-v_0$（负号表示与原流速 v_0 的方向相反）向水池倒流，同时压强恢复到 p_0。于是该层又与相邻的一层出现压强差，这样水自管道进口起逐层向水池倒流。这个过程相当于第一阶段的反射波。在 $t=2l/a$ 时刻，减压波传至阀门断面，全管压强为 p_0，恢复原来状态。

③第三阶段：水锤以减压波的形式从阀门处向管道进口传播。当 $t=2l/a$ 时，因惯性作用，水继续以速度 v_0 向水池倒流，因阀门处无水补充，紧靠阀门处的水停止流动，水流速度由 v_0 变为零，同时压强降低 Δp。在 $t=3l/a$，减压波传至管道进口，全管压强为 $p_0+\Delta p$，处于减压状态。

④第四阶段：水锤以增压波的形式从管道进口向阀门处传播。当 $t=3l/a$ 时，管道进口外侧静水压强 p_0 大于管道内压强 $p_0-\Delta p$，在压强差 Δp 作用下，水以速度 v_0 向管内流动，压强自进口起逐步恢复为 p_0。在 $t=4l/a$ 时，增压波传至阀门断面，全管压强为 p_0，恢复为阀门关闭前的状态。此时因惯性作用，水继续以流速 v_0 流动，当增压波传至阀门处时，由于受到阀门阻止，于是同第一阶段开始时阀门瞬时关闭的情况相同，增压波从阀门向管道进口传播。至此，水锤波的传播完成了一个周期。之后重复上述四个阶段。

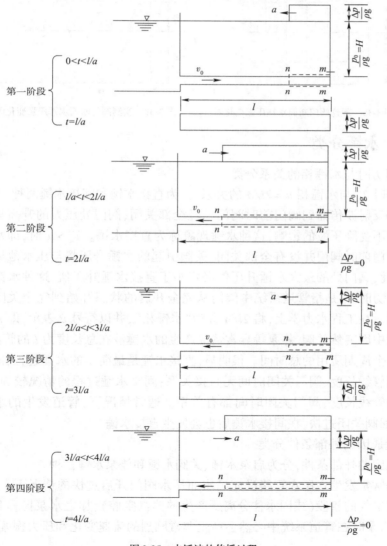

图 3-35　水锤波的传播过程

在一个周期内,水锤波由阀门传至进口,再由进口传播到阀门,共往返两次,往返一次所需要时间($t=2l/a$)称为水锤相。在实际中,水锤波传播速度很快,前述各阶段都是在极短的时间内连续进行的。

在水锤波的传播过程中,管道各断面的流速和压强皆随时间变化,所以水锤过程是非恒定流。阀门断面处压强随时间变化曲线见图 3-36。当 $t=0$ 时,阀门瞬时关闭,压强由 p_0 增至 $p_0+\Delta p$,一直保持到 $t=2l/a$,即水锤波往返一次的时间;在 $t=2l/a$,压强由 $p_0+\Delta p$ 降至 $p_0-\Delta p$,直至 $t=4l/a$ 时,压强又由 $p_0-\Delta p$ 恢复到 p_0;以此周期性往复变化。

如果水锤波传播过程中没有能量损失,它将一直周期性地传播下去。但实际上,液体的黏滞性和管壁的非完全弹性变形都将引起能量的不断损失,于是,整个系统中能量逐渐耗散,压力波幅减小直至最终消失,阀门断面实测水锤压强不断下降,实测水锤压强变化过程如图 3-37 所示。

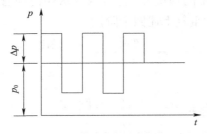
图 3-36　理论阀门断面水锤压强变化图

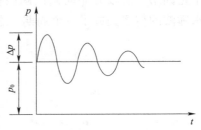
图 3-37　实测阀门断面水锤压强变化图

3.6.4　水锤分类

1) 按关阀历时与水锤相的关系分类

按关阀历时 T_s 与水锤相 $u=2l/a$ 的关系,分为直接水锤和间接水锤两种。当 $T_s<u$ 时,即水锤压力的反射波传播到阀门前时阀门已经全部关闭,阀门处压力的升高只取决于增压波的压力值而不受降压波的影响,这种水锤现象称为直接水锤。$T_s>u$ 时,即水锤压力的反射波传播到阀门前时阀门并没有全部关闭,关阀引起的水锤升压将与压水池返回的降压波部分抵消,因此,阀门处的最大水锤升压值必定小于直接水锤升压值,这种水锤现象称为间接水锤。关阀历时 T_s 是指管道系统中阀门从完全开启的状态开始到完全关闭的状态结束所用的总时间。在工程水力学上,将 $2l/a$ 称为"水锤相",并以符号 u 表示,即 $u=2l/a$,其含义为管道系统中因突然关阀、停泵等异常情况产生的水锤波在总长度为 l 的管路中以速度 a 传播和反射一个周期所用的总时间。很明显,直接水锤是最简单的水锤过程,阀门处产生的水锤升压值同管线长度、阀门关闭时间无直接关系;间接水锤过程的情况较为复杂,阀门处水锤升压值同管线长度、阀门关闭时间都有关系。通常情况下,管道发生的水锤为间接水锤,但如果止回阀关闭过快,在间接水锤后也会发生直接水锤。

2) 按水锤成因的外部条件分类

按水锤成因的外部条件,分为启泵水锤、关阀水锤和停泵水锤三种。

启泵水锤常常发生在压水管路没充满水而压水阀门开启过快的情况下。此时,由于管路中存有充有空气的管段(或因水柱分离所产生的蒸汽空腔),加之水泵扬程和转速是可以变化的,所以启泵时在管道系统中必然会产生非常剧烈的流速变化和压力振幅,从而造成水锤危害。

关阀水锤是关闭阀门过程中发生的水锤现象。通常，按照规范操作程序关闭阀门不会引起较大的水锤压力变化。但是，当操作人员违反正常关阀操作程序，或者管道突然遭到异物堵塞，或者阀门发生阀板掉落等意外事故时，泵站将出现不同程度的关阀水锤。

停泵水锤是在管网正常运作的情况下，由于泵站操作人员的失误、外部电网事故引发的突然跳闸以及自然灾害（地震、雷击、大风）等原因，致使水泵机组在突然断电而造成水泵机组在工作状态下突然开阀停车，从而在泵站和管路系统中形成的水锤现象。城镇供水管网水泵站发生的水锤事故大多属于停泵水锤。

上述三种水锤现象属于同一波动理论，但是由于水锤成因不同，水锤危害程度和事故发生地点等不同。

3）按水锤水力特性分类

按照水锤水力特性，分为刚性水锤理论和弹性水锤理论两种。

刚性水锤理论在进行输水管路水力瞬变计算时，不考虑水流阻力以及水和管材的弹性，仅考虑由于水流速度的改变而引起的水瞬变流动。根据刚性水锤理论进行水锤计算时，认为管壁是绝对刚体，在内外力作用下不发生变形，管中水流是不可压缩的。所以，采用这种理论进行水锤计算比较简单，但计算结果与实际情况相差较大。

弹性水锤理论是在刚性水锤理论基础上发展起来的，它弥补了刚性理论的不足，在进行管路水力瞬变计算时要考虑水流阻力以及水和管材的弹性。导出的水锤计算微分方程式虽然复杂，但其考虑了多方面因素，因此更加符合实际情况。对高水头、长管路系统进行水锤计算时，应当采用弹性水锤理论，以期达到较为准确的计算结果。

4）按水锤波动现象分类

按照水锤波动现象，可划分为水柱连续的水锤现象（无水柱分离）和伴有水柱分离的水锤现象（断流空腔再弥合水锤）。

无水柱分离水锤在工程上又称为"正压水锤"，其特点是在产生水锤升压时，水柱的连续性没有遭受破坏。

断流空腔再弥合水锤在工程上又称为"负压水锤"，关于其产生原因有两种论点，分别为"汽化说"和"拉断说"。"汽化说"认为：水锤过程中，当管路中某处的压强降到水温的汽化压强以下时，液体水将发生汽化，管道中的水流连续性遭到破坏，造成水柱分离，并且在该处形成水蒸气空腔，将连续的水柱分成两段；当分离开的两水柱再重新弥合（即空腔溃灭）时，空腔内的水蒸气迅速凝结，两股水柱间的剧烈碰撞会产生升压很高的断流空腔再弥合水锤。"拉断说"认为：水锤波在有压管路中传播时，水体质点做周期性的疏密变化，使得水体中的质点群时而受压，时而受拉；但由于水体承拉能力极差，当水体承受不住外界拉力时，水柱就会断裂而彼此分离（特别是在含有杂质、气泡的水体中或在管线剖面上折线变化较大的诸固定处，如"驼峰""膝部"和"小丘顶端"等处），会产生一些大空腔或"空管段"，使水流的连续性遭到破坏，从而造成水柱分离现象；当分离开的两水柱重新弥合（即空腔溃灭）时，空腔内的水蒸气迅速凝结，两股水柱间的剧烈碰撞会产生升压很高的断流空腔再弥合水锤。断流空腔再弥合水锤被认为是供水系统中最具破坏性的一种水锤冲击现象。

在管线较长、管道布置起伏较大以及其他因素的影响下，在一条管线上某一处（点）或多处（点）可能同时发生水柱分离现象。

将连续水柱截断成两股水柱，当空腔中充满水蒸气，空腔压强小于或等于水汽化压强时,产生的水柱分离现象称为水柱分离(汽);当管路中出现真空,经空气阀将空气吸入管内并形成充满空气的大空腔,产生的水柱分离现象称为水柱分离(空)。

水柱分离(汽)产生的前提是管路密封非常完好。但实际的输水管路并非如此,沿途会设有一定数量的空气阀,因此,在水力过渡过程中,水柱分离(空)产生的可能性并不比水柱分离(汽)小。在相同的技术条件下,因水柱分离(空)而形成的充满空气的空气腔最大长度比传统的以水蒸气为主充填的蒸汽腔的最大长度大得多。如果在空气腔缩小乃至消失的过程中,即两股水柱重新弥合的过程中,腔内的空气可以自由无阻地从管道中排出,则在该空气腔最后溃灭的瞬间也会产生两股水柱间的猛烈碰撞并使管中水压骤增,这种水力撞击也称断流空腔再弥合水锤。

3.6.5 水锤压强计算

在认识水锤发生的原因和传播过程的基础上,进行水锤压强 Δp 的计算,为设计压力管道和控制运行提供依据。水锤的计算较为复杂,国内外很多规范采用下列公式:

$$\Delta P = \rho c v \tag{3-32}$$

式中:ΔP——水锤最大压力(MPa);
  v——管道水流速度(m/s);
  ρ——水的密度(kg/m³);
  c——水击波的传播速度(m/s),按下式计算:

$$c = \frac{c_0}{\sqrt{1 + \frac{K d_i}{E \delta}}} \tag{3-33}$$

式中:c_0——水中声波的传播速度,宜取 $c_0 = 1435$ m/s(压强 $0.10 \sim 2.50$ MPa,水温 10℃);
  K——水的体积弹性模量(Pa),宜取 2.1×10^9 Pa;
  E——管道的材料弹性模量(Pa),钢管为 20.6×10^{10} Pa,铸铁管为 9.8×10^{10} Pa,钢丝网骨架塑料(PE)复合管为 6.5×10^{10} Pa;
  d_i——管道的公称直径(mm);
  δ——管道壁厚(mm)。

3.6.6 水锤防护措施

针对关阀水锤,可采用以下防护措施:
①适当延长关(开)阀门时间,可以避免发生直接水锤,也可降低间接水锤压强。
②在水泵出水管上设置缓闭止回阀或多功能水泵控制阀。
对于启泵水锤,可采用以下防护措施:
①排除管道内的空气,使管道内充满水;打开除水泵出口处阀门外的所有阀门,最后启泵。因此,需要在出水端的隆起端处设置自动排气阀或充水设施。
②如水泵必须在空管时启动,为防止启泵水锤,可采取两阶段开阀启泵方式:水泵出水阀门打开15%～30%(蝶阀可先开15°～30°),其余阀门全开,启动水泵;待管道充满水后再将阀门全开或打开至所需开度。
对于停泵水锤,可采取以下防护措施:

①补气(注水)稳压,为防止产生水柱分离或升压过高的断流水锤,具体措施有设置双向调压塔、单向调压塔、空气罐等。

②泄压降压,避免压力陡升。具体措施有:在水泵出水管上安装缓闭止回阀、速闭消声止回阀、泄压管、超压泄压阀、多功能水泵控制阀、安全阀等。建筑给水排水中多用超压、泄压降压措施。

③限制管中流速。由水锤压强计算公式可知,水锤压强与管中流速成正比,通过扩大管径,可以减小流速,从而减小水锤升压值。给水管网中一般限制管中流速不超过 3m/s。

④合理布置管道。布置管道时尽量走直线,少走折弯,这样可以缩短管长,即缩短了水锤相长,可将直接水锤变为间接水锤,降低水锤压强。

⑤采用弹性模量较小的管道,可使水锤波传播速度减缓,从而降低直接水锤压强。

⑥高层建筑给水管道如果布置为上行下给式,停泵水锤易造成顶层水平干管产生负压真空状态,引发水柱分离,压力振荡导致管道震颤和噪声,因此在管道布置形式上,下行上给要优于上行下给。设计气压水罐及多功能水泵控制阀的水锤防护措施,两者均能起到消减最高正压的效果,同时气压水罐还可以有效抑制负压形成,达到保障卫生器具和管道系统安全运行的目的。

第4章 水质保障

4.1 水质标准

水质标准是用水对象所要求的各项水质参数应达到的指标和限值。生活饮用水水质与生活息息相关。二次供水系统的水质应符合以下两个标准的现行版本。

1)《生活饮用水卫生标准》(GB 5749)

自1956年颁布《生活饮用水标准(试行)》起,《生活饮用水卫生标准》(GB 5749)对水质的要求不断提高,水质指标项目不断增加,由1956年版的16项增加到2022年版的97项。现行的是《生活饮用水卫生标准》(GB 5749—2022)。表4-1为其中39项常规指标及限值。

生活饮用水水质常规指标及限值　　　　　表4-1

序号	指标	限值
一、微生物指标		
1	总大肠菌群(MPN/100mL 或 CFU/100mL)[①]	不应检出
2	大肠埃希氏菌(MPN/100mL 或 CFU/100mL)[①]	不应检出
3	菌落总数(MPN/mL 或 CFU/mL)[②]	100
二、毒理指标		
4	砷(mg/L)	0.01
5	镉(mg/L)	0.005
6	铬(六价)/(mg/L)	0.05
7	铅(mg/L)	0.01
8	汞(mg/L)	0.001
9	氰化物(mg/L)	0.05
10	氟化物(mg/L)[②]	1.0
11	硝酸盐(以N计)(mg/L)[②]	10
12	三氯甲烷(mg/L)[③]	0.06
13	一氯二溴甲烷(mg/L)[③]	0.1
14	二氯一溴甲烷(mg/L)[③]	0.06
15	三溴甲烷(mg/L)[③]	0.1
16	三卤甲烷(三氯甲烷、一氯二溴甲烷、二氯一溴甲烷、三溴甲烷的总和)[③]	该类化合物中各种化合物的实测浓度与其各自限值的比值之和不超过1
17	二氯乙酸(mg/L)[③]	0.05
18	三氯乙酸(mg/L)[③]	0.1
19	溴酸盐(mg/L)[③]	0.01
20	亚氯酸盐(mg/L)[③]	0.7
21	氯酸盐(mg/L)[③]	0.7
三、感官性状和一般化学指标[④]		

续上表

序号	指标	限值
22	色度(铂钴色度单位)(度)	15
23	浑浊度(散射浑浊度单位)(NTU)[②]	1
24	臭和味	无异臭、异味
25	肉眼可见物	无
26	pH	不小于6.5且不大于8.5
27	铝(mg/L)	0.2
28	铁(mg/L)	0.3
29	锰(mg/L)	0.1
30	铜(mg/L)	1.0
31	锌(mg/L)	1.0
32	氯化物(mg/L)	250
33	硫酸盐(mg/L)	250
34	溶解性总固体(mg/L)	1000
35	总硬度(以 $CaCO_3$ 计)(mg/L)	450
36	高锰酸盐指数(以 O_2 计)(mg/L)	3
37	氨(以 N 计)(mg/L)	0.5
四、放射性指标[⑤]		
38	总 α 放射性(Bq/L)	0.5(指导值)
39	总 β 放射性(Bq/L)	1(指导值)

注:①MPN 表示最可能数;CFU 表示菌落形成单位。当水样检出总大肠菌群时,应进一步检验大肠埃希氏菌;当水样未检出总大肠菌群时,不必检验大肠埃希氏菌。

②小型集中式供水和分散式供水因水源与净水技术受限时,菌落总数指标限值按 500MPN/mL 或 500CFU/mL 执行,氟化物指标限值按 1.2mg/L 执行,硝酸盐(以 N 计)指标限值按 20mg/L 执行,浑浊度指标限值按 3NTU 执行。

③水处理工艺流程中预氧化或消毒方式:

——采用液氯、次氯酸钙及氯胺时,应测定三氯甲烷、一氯二溴甲烷、二氯一溴甲烷、三溴甲烷、三卤甲烷、二氯乙酸、三氯乙酸;

——采用次氯酸钠时,应测定三氯甲烷、一氯二溴甲烷、二氯一溴甲烷、三溴甲烷、三卤甲烷、二氯乙酸、三氯乙酸、氯酸盐;

——采用臭氧时,应测定溴酸盐;

——采用二氧化氯时,应测定亚氯酸盐;

——采用二氧化氯与氯混合消毒剂发生器时,应测定亚氯酸盐、氯酸盐、三氯甲烷、一氯二溴甲烷、二氯一溴甲烷、三溴甲烷、三卤甲烷、二氯乙酸、三氯乙酸;

——当原水中含有上述污染物,可能导致出厂水和末梢水的超标风险时,无论采用何种预氯化或消毒方式,都应对其进行测定。

④当发生影响水质的突发公共事件时,经风险评估,感官性状和一般化学指标可暂时适当放宽。

⑤放射性指标超过指导值(总 β 放射性扣除 ^{40}K 后仍然大于 1Bq/L),应进行核素分析和评价,判定能否饮用。

为了保证饮用水的水质指标,通常在饮用水出厂时加消毒剂来杀灭细菌和抑制其生长。给水厂常用的消毒方法有紫外线消毒、氯消毒、臭氧消毒等。但是紫外线消毒和臭氧消毒有持续时间短、易导致细菌和微生物在管网中再次繁殖的缺点,因而氯消毒是目前水厂最常用的消毒方法。为了保证管网末梢出水水质,需要保证出水中的消毒剂余量不能太高。几种常用消毒剂的指标见表 4-2。

生活饮用水消毒剂常规指标及要求　　　　　表 4-2

序号	指标	与水接触时间（min）	出厂水和末梢水限值（mg/L）	出厂水余量（mg/L）	末梢水余量（mg/L）
1	游离氯①,②	≥30	≤2	≥0.3	≥0.05
2	总氯②	≥120	≤3	≥0.5	≥0.05
3	臭氧③	≥12	≤0.3	—	≥0.02 如采用其他协同消毒方式，消毒剂限值及余量应满足相应要求
4	二氧化氯④	≥30	≤0.8	≥0.1	≥0.02

注：①采用液氯、次氯酸钠、次氯酸钙消毒方式时，应测定游离氯。
②采用氯胺消毒方式时，应测定总氯。
③采用臭氧消毒方式时，应测定臭氧。
④采用二氧化氯消毒方式时，应测定二氧化氯；采用二氧化氯与氯混合消毒剂发生器消毒方式时，应测定二氧化氯和游离氯。两项指标均应满足限值要求，至少一项指标应满足余量要求。

2）二次供水设施卫生规范（GB 17051）

《二次供水设施卫生规范》（GB 17051）规定，二次供水设施的水质卫生指标及标准共22项，具体如下：

①必测项目：色度、浊度、嗅味及肉眼可见物、pH 值、大肠菌群细菌总数、余氯。
②选测项目：总硬度、氯化物、硝酸盐氮、挥发酚、氰化物、砷、六价铬、铁、锰、铅、紫外线强度。
③增测项目：氨氮、亚硝酸盐氮、耗氧量。

4.2　水质污染的现象及原因

二次供水水质污染按污染途径分为管道系统回流污染、设备设施浸出物污染、外部污染物侵入污染、系统内部环境造成的生物性污染、人为污染等，具体表现为：

①管网污染：在输水过程中由于管道老化腐蚀、渗漏等因素造成的水质污染。
②回流污染：无防倒流污染措施时，非饮用水或其他液体倒流入生活给水系统，污染水质。
③贮水过程污染：贮水池（箱）的制作材料或防腐涂料选择不当，有毒有害物质逐渐溶于水中导致水质污染。
④微生物污染：水在贮水池（箱）中停留时间过长，余氯耗尽，微生物繁殖，致使水变质。
⑤其他由于设计不合理、施工安装或管理等使用不当而造成的污染：

a. 位置或连接不当：埋地式生活饮用水贮水池与化粪池、污水处理构筑物、渗水井、垃圾堆放点等污染源之间没有足够的卫生防护距离；水箱与厕所、浴室、盥洗室、厨房、污水处理间等相邻；饮用水系统与中水、回用水等非生活饮用水管道直接连接；给水管道穿过大、小便槽；给水与排水管道间距不够或相对位置不当等。

b. 设计缺陷：贮水池或水箱的进出水管位置不合适，在水池、水箱内形成死水区；贮水池、水箱总容积过大，水流停留时间过长且无二次消毒设备；直接向锅炉、热水机组、水加热器、气压水罐等有压容器或密闭容器注水，而注水管上没有采用能可靠防止倒流污染的措施等。

c. 材料选用：镀锌钢管在使用过程中易产生铁锈，出现"赤水"；UPVC 管道在生产过程中加入的重金属添加剂，以及 PVC 本身残存的单体氯乙烯和一些小分子，在使用的时候会转移到水中；塑料管如果采用溶剂连接，所用的胶粘剂很难保证无毒；混凝土贮水池或水箱墙体中石灰类物质渗出,导致水的pH值、C_a^{2+}浓度、碱度增加;混凝土可能析出钡、铬、镍、镉等金属污染物;金属贮水设备防锈漆脱落等。

d. 施工问题:当地下水位较高时,贮水池底板防渗处理不好;贮水池与水箱的溢流管、泄水管间接排水不符合要求;配水件出水口高出承接用水容器溢流边缘的空气间隙太小;布置在环境卫生条件恶劣地段的管道接口密闭不严。

e. 管理不善:贮水池、水箱等贮水设备未定期进行水质检验,未按规范要求进行清洗、消毒;通气管、溢流管出口网罩破损后未能及时修补;人孔盖板密封不严密;配水嘴上任意连接软管,形成淹没出流等。

4.3 水质保障措施

二次供水水质保障措施应贯穿二次供水工程的系统设计、设备材料选择及制造、施工安装、质量验收、运行维护各环节,主要措施如下:

1)优化供水方式

优化供水系统、供水环节,缩减自来水在供水管道中的滞留时间。一是在将市政管网水输送至各家各户的供水过程中,可以选择使用变频供水设备进行调节,避免水质发生变化,亦可节约能源。二是在小区用户体量比较小的情况下,可以采用容积较小的储水设施,或者在满足供水企业技术参数要求的前提下采用叠压供水设备,减少中间供水渠道,优化供水系统,降低二次供水受污染的可能性。

2)采用优质新型管材

目前,我国已禁止使用冷镀锌钢管,逐步淘汰热镀锌钢管。主要替代品是铝塑复合管、UPVC管、PE管和铜管等复合管材。但是这些管材在受到大的外力冲击的情况下易破损,从而间接造成水质污染,并不是最理想的材料。因此通过现代科学技术,研制并推广更理想、更经济、更有效的新型管材是防治二次供水水质二次污染的可持续发展之路。

3)贮水池(箱)采取有效的防水质污染措施

(1)选用合格的贮水池(箱)材质

贮水池(箱)严格采用防污染、卫生的材质。水箱应选用06Cr19Ni10及以上不锈钢材料,宜采用组合式水箱。生活饮用水水池(箱)的衬砌材料和内壁涂料不得影响水质。水池内壁可采用卫生行政部门许可的防腐内衬材料。

(2)正确设置贮水池(箱)位置

埋地式生活用水贮水池与化粪池、污水处理构筑物的净距不应小于10m;当条件受限、不能保证净距时应采取防止贮水池被污染的措施(例如污水池的最高水位须低于生活水池底等)。在10m以内不得有渗水坑和垃圾堆放点等污染源,在2m内不得有污水管线及污染物堆放。

建筑内的生活用水池(箱)应设在专用房间内,其上方的房间不应为厕所、浴室、盥洗间、厨房、污水处理间等。

建筑物内的生活用水水池(箱)应采用独立结构形式,不得利用建筑物的主体结构作为水池的壁板、底板及顶盖。

生活用水水池(箱)与其他用水水池(箱)并列设置时,应有各自独立的池壁,不得合用同一分隔墙;两壁之间的缝隙渗水,应能自流排出。

(3)合理确定贮水箱(池)容积

合理确定二次供水系统中水池、水箱的容积,既能满足用水量,又避免停留时间过长。合理设计贮水池(箱)形状,采用圆形或正方形,进水口与出水口设在相对的墙壁上,必要时设置导流装置,使水形成推流式流动状态,防止产生死水区,减少沉积物形成。

《二次供水工程技术规程》(CJJ 140—2010)规定,当水池(箱)容积大于 $50m^3$,宜分为容积基本相等的 2 格,并能独立工作。

(4)设置生活、消防贮水箱(池)

供单体建筑的二次供水设施的生活饮用水贮水箱应独立设置(无论建在楼内还是楼外),不得与消防用水或其他非生活用水共贮;其贮水设计更新周期不宜超过48h,其他用水(如高位水箱的溢流水等)不得进入贮水箱(池)。

现行《建筑给水排水设计标准》(GB 50015)规定生活水箱(池)应与其他用水的水池(箱)分开设置。由于消防贮水池(箱)和生活贮水池容积都很大,合建会造成水在池内停留时间过长,影响水质,所以应分开设置以保证生活用水水质。当水中余氯含量低于 0.05mg/L 时要投消毒药剂。

4)合理设置贮水箱(池)的溢流管、泄水管和通气管

贮水箱(池)必须有盖并密封,底部要有一定的坡度并装溢流管、泄水管、通气管等,检修孔要上锁密闭。

人孔、通气管、溢流管应设有防止生物进入的措施。

溢流管与泄水管不得与排水系统直接连接,应采用间接排水方式,管口露空,当排入排水明沟或装有喇叭口的排水管道时应有空气隔断装置。

水箱(池)顶部应设 2 个及以上通气管,以使贮水箱(池)内空气流通。在通气管口处设置既能防虫、鼠、尘埃进入,又能使空气流通的装置。通气管不得进入其他房间。

5)二次供水贮水设施建立净化消毒系统

为保证二次供水贮水池、水箱不受污染,应建立水箱(池)净化消毒系统,以确保二次供水安全。

消毒方式有二氧化氯消毒、次氯酸钠消毒、紫外线消毒、臭氧消毒、微电解自洁消毒仪消毒等。其中:

①臭氧和紫外线消毒较环保,杀菌消毒率高,但是价格相对贵。紫外线消毒无持续作用,不适用于长距离输水管道。

②二氧化氯消毒具有广谱、高效的特点,但作为含氯的消毒剂,会生成消毒副产物,例如氯酸盐、卤代乙酸等。

③次氯酸钠消毒具备持续杀菌能力,效果好。缺点是生成消毒副产物,同时制备过程中有氢气产生,而氢气属于易燃易爆气体,安全要求较高。

④微电解消毒具备连续的杀菌消毒能力,日常维护管理方便快捷,对运行人员的专业化水平要求不高。缺点是能耗较大,费用较高。

目前,推荐使用的消毒设施是紫外线消毒器和臭氧发生器。

6)加强二次供水设施的管理工作

①保证水泵房环境干净整洁,无杂物。

②各项运行制度健全。

③水泵房管理人员每年体检,取得健康证明后方可上岗。

④贮水箱(池)每半年由专业保洁单位清洗并进行水质检测,若检测结果不合格,应重新清洗。

⑤水箱检修孔应上锁,设泵房安防系统。

7)加大培训力度,提高二次供水设施管理的专业化程度

二次供水设施管理单位应定期进行专业知识、业务、技能培训,让管理人员能够掌握科学的管理技术和方式,使管理人员的专业水平能够满足供水系统的管理需求,进而实现二次供水系统的高效、安全运行,为二次供水系统管理工作提供人力资源方面的支持。

4.4 消毒技术

二次供水系统或设施的水池(箱)应设置消毒设备。二次供水消毒设备主要有紫外线消毒器、水箱臭氧消毒器、紫外线协同防污消毒装置、紫外线二氧化钛消毒装置(图4-1)。

图4-1 紫外线二氧化钛消毒装置

所选用的二次供水消毒设备必须对细菌具有灭活作用,消毒副产物对水质和人体健康应无影响,且应经济合理,维护管理方便。

常见的二次供水消毒设备的性能特点及使用条件见表4-3。

二次供水消毒设备的特点、原理及适用水质条件 表4-3

设备类别	特 点	原 理	适用水质条件
紫外消毒器	没有改变原水的物理、化学性质,不产生气味及副产品。杀毒快,安装简单,操作方便。但电耗大,紫外线灯管和石英套管需要定期更换清洗,不具有持续消毒能力	物理消毒,利用灯管内汞蒸气放电时产生的紫外线杀死各种微生物	处理水质指标控制条件:浑浊度≤5度,总含铁量≤0.3mg/L,色度≤15度,总大肠菌群≤1000个/L,水温≤5℃,细菌总数≤2000个/mL
水箱臭氧消毒器	消毒能力强,无有害副产物。消毒后的水无异味。安装简单,操作方便。具有良好的脱色、氧化、除臭功能。生产臭氧效率低,运行和维护费用高,臭氧须即产即用,无持续消毒作用	利用臭氧的强氧化性,氧原子氧化细菌的细胞壁,直接穿透细胞壁,与其体内的不饱和键化合,将其杀死	—

续上表

设备类别	特　点	原　理	适用水质条件
紫外线协同防污消毒装置	杀灭水体中的各种微生物,有持续的消毒作用。安装简单,操作方便。但电耗大,需定期更换紫外线灯管和B离子电极	—	处理水质指标控制条件:浑浊度≤5度,总含铁量≤0.3mg/L,色度≤15度,总大肠菌群≤1000个/L,水温≤5℃,细菌总数≤2000个/mL,氯化物浓度(Cl^-)≥15mg/L
紫外线二氧化钛消毒装置	消毒能力强,没有改变原水的物理、化学性质,不产生气味及副产品。杀毒快,安装简单,操作方便。杀菌后光复活率比紫外线低,对于军团菌等杀灭效果较好,对于诺瓦克病毒等顽固性病毒的杀灭效果明显。但易受水质(浊度、悬浮物颗粒、透明度等)影响,且不具有持续消毒能力	将纳米级TiO_2光催化剂负载在金属Ti表面,组成的光催化膜(TiO_2/Ti)固定在紫外线光源周围。光催化膜(TiO_2/Ti)在紫外灯的照射下产生羟基自由基(·OH),羟基自由基碰撞微生物表面,夺取微生物表面的一个氢原子,被夺取氢原子的微生物结构被破坏后分解死亡。羟基自由基在夺取氢原子之后变成水分子,对环境不会产生危害	处理水质指标控制条件:浑浊度≤5度,色度≤15度,水温5~70℃

各类消毒设备的设置应符合以下要求:

①安装紫外线消毒器时,一端宜设置大于1.2m的检修空间,另一端距墙的距离宜大于0.6m。

②消毒器旁应有排水设施。

③臭氧发生器应设置尾气消除装置。

④紫外线消毒器应具备对紫外线照射强度的在线检测功能,并宜有自动清洗功能。

⑤当采用紫外线二氧化钛消毒装置时,应具备对紫外线照射强度的在线检测、报警功能,并应由设备维护人员定期对石英砂套管进行清洗。

⑥水箱自洁消毒器宜外置,宜安装在干燥通风处且有防护、防水措施。

⑦水箱自洁消毒器应安装在水箱旁,设备与水箱距离应小于3m,吸水管中心线应低于水箱工作最低水位且臭氧输水管线应从水箱顶部进入水箱,严禁封堵臭氧释能器出口。

第5章 智慧标准泵房

5.1 概 述

随着信息技术的迅猛发展及国家对供水的高度重视,供水系统泵房的标准化、智能化建设要求越来越高。智慧标准泵房采用标准化模式建设,方便集中管理,实现无人值守。智慧标准泵房包括泵房设计布局、设备管道安装、电控系统、安防系统、通信模式、管理制度等标准模块,另设置可选模块以满足不同的用户需求。智慧标准泵房将用户感知、能源管理、智能识别、人机互动、水质保障、降噪减震、供电保障等系统进行有效集成,延长设备的使用寿命,减小水污染风险,降低漏水率,实现环保节能,从而保障居民用水便利与安全。

智慧标准泵房通常应用在取水泵房、水厂增压泵房、输水加压泵房、调峰泵站及二次增压泵房的新建、改建、改造工程。

随着信息技术的不断发展及互联网技术的普及,水务行业信息化建设得到深入推进。智慧标准泵房可以提升供水系统安全保障能力,增强供水可靠性、确保水质安全、强化泵房安防措施、确保设备安全、全天候监控设备运行状态;做到节能环保,节水、节电、低噪声;可以实现智慧管理,例如远程监控、智能控制、智慧预警、智慧运行、无人值守、标准化管理。

5.2 智慧标准泵房的设计原则

智慧标准泵房的设计应遵循下列原则:

①泵房应根据规模、服务范围、使用要求、现场环境等确定单独设置还是与动力站等设备用房合建,是地上式、地下式还是半地下式。独立设置的水泵房应将泵室、配电间和辅助用房(如检修间、值班室、卫生间等)建在一栋建筑内;同水加热间、冷冻机房等设备用房合建时,可共用辅助用房。

②在满足设备安装、检修和运行正常进行的前提下,泵房内部布置应紧凑合理,做到省材料、省投资、整齐美观。

③泵房宜靠近用水大户,使从泵站到用水点的主要供水干管长度缩短,减少工程造价;同时,平衡整个给水系统的压力,减小远、近供水水压的不均衡,降低最不利用水点到加压泵站的压力差。

④泵房应满足通风、散热、采光、防火和低噪声的要求。

5.3 智慧标准泵房的主要构成及其设计要求

智慧标准泵房一般由泵房、设备、电控系统、安防系统、水质检测系统、管理维护系统等构成。

5.3.1 泵房

1）泵房的设计位置

泵房的位置应根据可利用的空间、隔音隔震要求、各用水区域用水量、需要供水的水压来确定。

对于大型建筑群，可以在建筑物内建造泵房，也可以在建筑外单独建造供水泵房。单栋建筑和规模不大的建筑群，往往没有多余的室外场地可供使用，因此将泵房建造在建筑物内的情况居多。

在室外设置的泵房应符合现行《泵站设计规范》（GB/T 50265）的规定，在室内设置的泵房应符合现行《建筑给水排水设计标准》（GB 50015）和《二次供水工程技术规程》（CJJ 140）的规定。

居住建筑对各种设备房的噪声控制要求比较高，对供水泵房同样有严格的要求。泵房不应毗邻需要安静的房间（如播音室、精密仪器间、科研室、办公室、教室、病房、卧室等），还应尽量远离变配电房、电梯或通信机房等。泵房适宜选择在供水区域的中间位置，并靠近用水大户。考虑到选型及效率的关系，应尽量减小泵房与最不利用水点的高度差。

居住建筑的泵房宜尽量设置在居住建筑范围之外，无法满足时可设置在居住建筑的地下二层（建筑一层为住宅时）或居住建筑的地下一层（建筑一层为商业等非居住功能时）。对于建筑高度超过100m的超高层居住建筑，需要在中间楼层设置接力转输泵房，确定中间楼层转输泵房的位置尤其重要。

2）泵房的土建安装

泵房的地面及设备安装平台宜铺设防滑地砖，装饰地面，起到防滑作用，方便清理。

泵房的内墙、顶面应选用符合环保要求、易清洁的材料铺砌或涂覆，用材应达到防腐、防霉、吸音、隔音的效果。

泵房应为一、二级耐火等级，符合现行《建筑设计防火规范》（GB 50016）的规定。

泵房高度应符合下列规定：

①无起重设备的地上式泵房，净高不低于3.0m。

②有起重设备时，应按搬运机件底和吊运所通过水泵机组顶部具有不少于0.5m的净空确定。

泵房应至少设置1个能进出最大设备（或部件）的大门和安装口，宜在门口设置150～200mm高的防水门槛，或设置450～600mm高的防鼠板。大门尺寸根据设备大小、运输方式（是机械搬运还是人工搬运）等条件确定。泵房楼梯坡度和宽度应考虑方便搬运小型配件，楼梯踏步应考虑防滑措施。

3）泵房的隔振降噪

生活供水泵房长期运行时，不可避免会产生噪声，需对水泵机组进行隔振、减振计算，采取环境噪声控制措施。

水泵机组的隔振减振计算一般按允许振动传递率β（即减振基础传递到地面的振动与非减振基础传递到地面上的振动之允许比值，见表5-1）进行计算。

允许振动传递率 表5-1

类别	机组安装的位置	允许振动传递率 β(%)
Ⅰ	机组的下一层为办公室、图书馆、病房等要求严格减振的房间	<10
Ⅱ	机组附近设有广播室、办公室、图书馆、病房等要求安静的房间	10~20
Ⅲ	机组装在地下室,周围为上述以外的一般房间	20~40

注:1.对允许振动的振幅、速度或加速度有具体数值要求者,应由结构工种计算设计。
    2.如采用减振器,第Ⅱ类的允许振动传递率可以小于10%,第Ⅲ类的允许振动传递率可以小于20%。

当机组的转速 $n>1200r/min$,经计算能够达到表5-1的要求时,可采用橡皮、软木衬垫和减振器减振;当 $n\leq1200r/min$ 时,除第Ⅲ类外,应尽量采用弹簧减振器。

橡皮、软木衬垫或减振器的高度 h 可按式(5-1)计算:

$$h = \delta E/\sigma \quad (5-1)$$

式中:E——弹性材料的动态弹性系数(MPa),可参照表5-2采用;
    σ——弹性材料的允许荷载(MPa),可参照表5-2采用;
    δ——弹性体的静态变形值(cm),可按下式计算:

$$\delta = 9 \times 10^6/\beta n^2 \quad (5-2)$$

式中:β——允许振动传递率(%),见表5-1;
    n——机组的转数(r/min)。

橡皮、软木的允许荷载和动态弹性系数 表5-2

弹性材料名称	允许荷载 σ(MPa)	动态弹性系数 E(MPa)	E/σ
软橡皮	0.08	5	63
中等硬度橡皮	0.3~0.4	20~25	75
天然软木	0.15~0.2	3~4	20
软木屑板	0.06~0.1	6	60~100

每个弹性体的面积可用式(5-3)计算:

$$f = 10P/(\sigma n'') \quad (5-3)$$

式中:f——每个弹性体的面积(cm²);
    P——机组、基座和基础的总重量(kN);
    σ——弹性材料的允许荷载(MPa);
    n''——弹性体的数目。

可以采用以下措施对泵房进行隔振降噪处理:

①选用低噪声水泵机组。
②水泵机组下方安装橡胶隔振垫、橡胶隔振器、橡胶减振器、弹簧减振器等隔振、减振装置。
③泵房的窗户宜选用双层玻璃窗。
④利用浮筑结构对泵房和动力设备进行隔振、隔声。
⑤减小水在管道中的流速和压力。当管径小于50mm时,一般控制流速在0.6~1.2m/s;当管径大于或等于50mm时,应控制流速在1.0~1.5m/s。采用调压器将给水压力调整至0.4MPa以下。另外,可在吸水管和出水管上设置减振装置。

⑥管道宜采用弹性支架、吊架、托架进行隔振，或者在支架、吊架、托架上垫防振橡胶或减振器，防止管道噪声传播。

⑦在管道支架、吊架和管道穿墙或楼板处采用防止固体传声措施，如在孔口和管道间填充玻璃纤维。

⑧泵房的墙壁和顶棚宜采用吸音板或采取隔声吸声处理，将泵房内由空气传播的噪声限制在泵房范围内。

泵房采用降噪处理后，应满足现行《民用建筑隔声设计规范》（GB 50118）的要求。该规范对住宅、学校、医院、旅馆、办公、商业等建筑的室内允许噪声级做出了规定。

4）泵房的供电与照明

不允许间断给水的泵房应设双电源；如不可能时，应设置备用动力设备，其能力应能满足发生事故时的用水要求。在运行时，室内照明标准宜为100lx。检修用电源宜设置成低压安全电源，如设36V低压安全插座。泵房应设置应急照明系统，泵房照明应采用防水、防爆、防潮、节能的灯具，且宜同门禁系统联动，或采用定时关闭系统、声控系统。

泵房内电控系统宜与水泵机组、水箱、管道等输配水设备隔离设置，并应采取防水、防潮和消防措施。

5）泵房的通风采暖

泵房应有充足的光线和良好的通风。采暖温度一般不低于16℃（如有加氯设备应为18~20℃）；无人值班时，室内设计温度应大于5℃，并保证不发生冰冻；有人值班时，室内设计温度应为16~18℃，相对湿度不宜大于85%。地下式或半地下式泵房应有排出热空气的有效通风设施，其换气次数不应小于6次/h。

6）泵房的卫生环境保障

泵房内应设置设备检修的辅助设施，应有设备维修的场地，检修场地尺寸宜按水泵或电动机四周有不窄于0.7m的通道确定。泵房内单排布置的电控柜前面通道宽度不应小于1.5m，宜有储存设备备件的空间。

泵房应设排水设施。要求地面坡度大于或等于0.5%，坡向排水沟，并排入室外雨水管网。不能靠重力排水时，应设置集水坑和潜污泵。

泵房内卫生管理应有严格的要求，二次供水泵房应与污染、危险区分开。为保证给水的卫生指标，二次供水泵房应离开各种污染源，特别防止尘埃中带有的不洁物质。泵房应采取防止小动物进入的措施。

5.3.2 设备

1）水池、水箱

从结构安全性和使用功能出发，贮水池和水箱应采用独立的结构形式，不得利用建筑物结构构件作为水池（箱）的壁板、底板及顶盖。为防止渗漏污染，在其他用水水池与贮水池和水箱并联设置时，应有各自独立的结构，不得共用分隔墙，邻池的外池壁间应有良好的排水措施，防止积水。必要时，外池壁间应保持一定的距离，以满足外壁养护和检修要求。

为杜绝污染源对贮水池内水的污染，同时考虑贮水池重力泄空以及日常维护和必要的检修，贮水池不得采用埋地或半埋地形式，应设置在设计地面以上或位于地下室内，并与支承面保持一定的管道和设备安装间距。贮水池周围10m以内不得有化粪池、污水处理构筑物、渗水井、垃圾堆放点等污染源；周围2m以内不得有污水管和污染物。当达不到此要求时，应采取防污染的措施。贮水池和水箱宜设置在通风良好的专用房间内，为确保发生事故时的供电安全、减轻日常运行和事故发生时对周围的影响，不宜毗邻电气用房和居住用房或在其下方。为防止外部环境的污染，上部不应有厕所、浴室、盥洗室、厨房、污水处理间等生活、生产类污染源。

为满足施工、装配和检修要求，贮水池和水箱外壁与建筑本体结构墙面或其他池壁之间的净距应满足施工或装配的需要。无管道的侧面，净距不宜小于0.7m；安装有管道的侧面，净距不宜小于1.0m，且管道外壁与建筑本体墙面之间的通道宽度不宜小于0.6m。设有人孔的池（箱）顶，顶板面与上面建筑本体板底的净空不应小于0.8m。池（箱）外底面与支承面板的净距不宜小于0.8m。

2）水泵机组
（1）供水设备的基本要求
泵房应优先选用高效节能且具有CQC（中国质量认证中心）节能认定证书的水泵和成套供水设备，所有设备均应具有出厂合格证及其相关检验报告。涉水设备应具有卫生许可批件，其过流部件宜采用不锈钢材质。

供水设备提供的实际流量、扬程应不低于其额定设计参数。供水设备应设置独立的备用泵，备用泵参数应和工作泵相同。供水设备配置的水泵噪声应低于国家标准。供水设备应能连续可靠运行10000h以上。供水设备应设置消毒设施。

泵房进水总管设置倒流防止器或有防倒流措施。供水设备应有水锤保护措施。

泵房内供水设备应设置检修排水装置。进水总管至设备低位处应设置自动排气装置。
（2）泵机组的布置
水泵机组之间及墙的间距详见表5-3。

水泵机组外廓面与墙和相邻机组间的间距　　　　　　　表5-3

电动机额定功率 （kW）	水泵机组外廓面及墙面之间的 最小间距（m）	水泵机组外廓面之间的 最小距离（m）
≤22	0.8	0.4
22~55	1.0	0.8
55~160	1.2	1.2

注：1. 水泵侧面有管道时，外轮廓面计至管道外壁面。
　　2. 水泵机组是指水泵与电动机的联合体，或已安装在金属座架上的多台水泵的组合体。

当泵房场地较小时，下述布置可供参考：当电机容量小于20kW或吸水管管径不大于100mm时，泵基础的一侧可与墙面不留通道；而且两台同型号水泵可共用一个基础，彼此不留通道，但该基础的侧边与墙面（或别的机组基础的侧边）应有不小于0.7m的通道；不留通道机组的突出部分与墙的净距或同基础相邻两个机组的突出部分间的净距不小于0.2m。

泵房主要通道的宽度不得小于1.2m，检修场地尺寸宜按水泵或电机外形尺寸四周有不小于0.7m的通道确定。若考虑就地检修时，至少每个机组一侧留有比水泵机组宽0.5m的通道。

(3)水泵机组的基础

水泵机组的基础必须安全、稳固,尺寸、高程准确。尺寸应按产品生产厂家提供的相关技术资料确定。基础一般采用C20混凝土浇成。基础下面的土壤应夯实,基础浇捣后必须注意养护,达到强度后才能进行安装。

基础的平面尺寸(长、宽)可按下列要求确定:

①对于水泵和电机共用底盘的机组,基础长度按底盘长度加0.2~0.3m计,基础宽度按底盘螺孔间距(在宽度方向)加不小于0.3m计。

②对于无底盘的机组,基础长度按水泵和电机最外端螺孔间距加0.4~0.6m计且应长于水泵加电机的总长;基础宽度按水泵和电机最外端螺孔间距(取其宽者)加0.4~0.6m计。基础的厚度应按计算确定,但不应小于0.5m,且应大于地脚螺栓埋入长度加0.1~0.5m。地脚螺栓埋入基础长度应大于20倍螺栓直径。为了便于水泵机组的安装,一般宜采用预留地脚螺栓孔方式。根据技术资料提供的地脚螺栓的平面尺寸设置螺栓孔(一般为100mm×100mm或150mm×150mm)。螺栓孔中心距基础边缘大于200mm,螺栓孔边缘与泵基础边缘相距不得小于150mm,螺栓孔深度应比螺栓埋入总长大30~50mm。在地脚螺栓埋入后,用C20细石混凝土将预留孔填灌固结。基础重量一般应为2.5~4.5倍机组重量。基础顶面一般要高出室内地坪0.1~0.2m。

③对于管网叠压供水机组,根据不同型号的设备安装尺寸确定基本要求如下:

a. 除JS系列立式安装可采用支(托)架与墙壁牢固安装外,其他各系列设备均宜采用刚性混凝土基础,刚性混凝土基础应由结构专业设计人员设计。

b. 设备基础尺寸根据不同型号设备的安装尺寸表确定。独立基础厚度不宜小于500mm。强度等级不低于C20,地基承载力标准值不低于120kPa,达不到要求时,应进行地基处理。基础底面下设砂石垫层或灰土垫层,其厚度不小于200mm,并充分夯实。

c. 设备基座应与刚性基础充分锚固。采用螺栓锚固时,锚固长度不应小于40d;采用预埋件锚固时,锚固长度应通过计算确定。

d. 当基础设在底板或楼板上时,设备基础应与板整体浇筑,主体结构专业设计人员应根据所选用设备型号对应的荷载参数进行楼板及设备基础结构设计。

3)管道及配件

(1)管道

泵房管路宜采用食品级不锈钢SUS304材料,布置时应尽量减少弯头,缩短管路长度,从而减小管路的局部和沿程水头损失。管路穿过墙体或楼面时应预设套管,并设置挠性接头,减小管道振动或者位移对管路的影响。管路不得布置在遇水会引起燃烧、爆炸的原料、产品和设备上面。管路应有专门的支架进行支撑固定。当沿地面铺设的管路上有人走动时,应架设阶梯保护管路。

泵房内管道一般为明设。沿地面敷设的管道,在人行通道处应设跨越阶梯。架空管道应不影响人行交通,不得架在机组上方,尤其不得设在电机及电器设备上面。暗敷管不应直埋,应设管沟。泵房内管道外底距地面或管沟底的距离,当管道公称直径小于或等于150mm时,不应小于0.2m;当公称直径大于或等于200mm时,不应小于0.25m。当管段中有法兰时,应满足拧紧法兰螺栓的要求。泵房内的管道应合理布局,避免连续转弯。

（2）配件

泵房内管路上应设置阀门、过滤器、倒流防止器、电动阀和流量计等管路配件，各管路配件应严格按照说明正确安装。弯头、三通应采用与管路的材质相同的食品级不锈钢SUS304材质。

泵房内的阀门设置应符合下列要求：

①阀门的布置应满足使用要求，方便操作、检修。

②所选阀门、止回阀的公称压力要与水泵额定工作压力相匹配。

③一般宜采用明杆闸阀或蝶阀，以便观察阀门开启程度，避免误操作引发事故。

④止回阀应采用密闭性能好，具有缓闭、消声功能的止回阀。

泵房内管路上应安装管道过滤器、倒流防止器、电动阀、流量计、紫外线消毒器等配件。过滤器的滤网采用食品级不锈钢SUS304材料，滤网网孔尺寸按使用要求确定。倒流防止器的排水口不得直接接至排水管，应采用间接排水。安装电动阀时应按照说明正确安装，防止装反。流量计应安装在满流管上，且流量计前端应有10倍管径的直管长度，后端应有5倍管径的直管长度，禁止安装在管路最高端，防止产生的气泡影响计量。紫外线消毒器应设置超越管，便于不停水检修消毒器。

4）排水设备

泵房内应设置单独的集水排水设施，不宜与其他设施共用，污水泵宜设置排水管单独排至室外，排出管的横管段应有坡度，坡向出口。应在设备四周设置排水沟，排水设施采用联动控制及水位显示。泵房应采取防水淹措施，在泵房内设置漏水检测探头，漏水检测探头和控制系统联动；要求地面坡度不小于0.5%，坡向排水沟，排入室外雨水管网。不能靠重力排除积水时，应设置集水坑和潜污泵提升设施。潜污泵流量之和应大于供水系统总流量，集水池有效容积不宜小于最大一台污水泵的5min出水量，且污水泵每小时启动次数不宜超过6次。以每个污水集水池为单元，设置1台备用泵。当2台或2台以上水泵共用1条出水管时，应在每台水泵出水管上装设阀门和止回阀；单台水泵排水有可能产生倒灌时，应设置止回阀。排水沟底坡度宜不小于1%，坡向集水坑。集水池底坡度宜不小于5%，坡向泵位。

5.3.3 电控系统

1）基本要求

电控系统应设置电源柜、启动柜、PLC柜、智能中控柜。

供水设备启动柜应具有过压、过流、欠压、缺相、短路保护功能。

电控系统应具备人机对话功能，为各类人员设置不同的权限，要求在控制柜正面面板上嵌入安装一面真彩高分辨率触摸屏。

一般要求厂家配置独立的PLC控制柜，柜体的制造和安装方式等其他要求与电气控制柜相同。如果柜体空间和体积允许，PLC控制柜和电气控制柜也可以合并制造为一个控制柜。

电控系统电源应采用三相五线制。应设置防雷保护系统及防干扰系统。应能适应$-5 \sim +60℃$的环境温度变化范围。

PLC柜及中控柜应设置UPS（不间断电源），其容量按1h配置。PLC柜或中控柜应设置标准通信接口及通信协议,可连接泵房内其他设备,并接收或主动发送数据至上位机监控平台,当出现停水、漏水、爆管、设备故障、水位超高或超低时应能及时报警,当出现爆管时应能自动切断水源。供水设备的进、出口控制压力应能够在人机界面上授权设定,其设定精度为±0.01MPa。

2) 自动控制

成套设备应有手动、自动两种运行方式,并可通过转换开关切换运行方式。在自动运行方式下,应具有缺压自动开机、自动恒压、小流量保压、超压自动停机、无水自动停机、机组定时自动轮换、自动节能停机、过流过压过载自动保护等功能;应具有故障报警及记忆功能,能检测采集各种运行信息(包括压力、流量、频率、电流、电压、液位、耗电量、泵运行状态及水质等数据)。所有机泵均实现变频启停,对水泵故障、水源故障、电源故障和变频器故障具有自检、报警或自动保护功能,对可恢复的故障能自动消除警报,恢复正常运行。

3) 在线仪表

要求成套设备管路入口、出口端均设置压力变送器、远传压力表。

根据工程项目设计确定是否需要配置低量程浊度仪、余氯仪。

4) 数据传输

应将泵站现场的水压情况、机泵运行数据、变频器参数、故障报警等信息,按照供水企业指定的通信规约,通过现场通信模块上传到供水企业调度中心。传输的数据主要有:水泵的开启情况,单机水泵的电流、转速、功率、频率、运行时间、启动次数、启停时间点、故障次数,变频器的进出电流、电压、运行频率和温度,泵房主管道的进出口压力、设定压力和水泵出口压力、瞬时流量、当天总水量、总累积流量;报警内容包括进水压力高/低、出水压力高/低、出水流量异常、设备掉电、水泵电流异常、变频器故障、PLC故障、UPS故障、进线电流/电压异常等,现场宜将运行数据保存半年以上。

针对供水企业调度中心的远程监控软件应能生成现场工艺流程图,反映生产运行实时数据,可以在线修改现场各类控制参数,获得优先权后对生产过程进行远程控制;应能完成历史数据、趋势曲线的存储、显示与查询,生成各类运行管理报表;应能远程配置现场PLC的通信端口和数据上传周期;具有故障处理与恢复功能。

5.3.4 安防系统

泵房现场应安装视频图像监控系统和红外线周界报警系统,经同意后纳入物业管理的小区整体安保系统中进行统一监控、管理。

泵房应安装防火防盗门以符合消防要求,防止无关人员进入。窗户及通风孔设防护格栅式网罩,阻挡小动物和无关人员进入。

监控系统主要负责对泵房出入口通道进行管制及现场图像采集、录像存储、报警接收和发送、网络传输。

监控设备主要包括红外摄像机、高清红外球机以及硬盘录像机。红外摄像机主要用于电控室的安防监控,高清红外球机主要用于对泵房的整体情况进行监控,并且与红外监测、门禁、地面积水、系统报警进行联动控制。

监控系统应有现场存储设备,存储时间不应少于30d。监控系统应具有移动侦测报警能力,能抓拍、保存相关视频、图片。

泵房出入口安装红外探测器,对进出泵房人员的身份进行审核控制。一旦有外界非法闯入,探测器立即动作,联动视频服务器,将报警信号传入数据采集终端。

5.3.5 水质监测系统

泵房内应设置水质在线监测设备,其数据可上传及共享。

监测系统由余氯监测仪、浊度仪、pH 变送器、电导率仪、数据采集及辅助设施组成,能自动连续或间断监测水箱的浊度、pH 值、余氯、电导率值。结合需要,可以将监测信息无线传输到终端设备,保证高层楼宇或集中使用二次供水区域的用水安全。

5.3.6 管理维护系统

泵房管理维护系统主要包括以下功能:设备前期管理、设备运行管理、设备保养管理、设备巡检维修管理、设备备件管理、设备更新改造、设备资料管理。该系统有利于用户了解设备的最新状态,全面管理设备,提高工作效率。

5.3.7 智慧管理平台设计

智慧泵房是具有智慧感知、智慧分析及展现功能的智慧管理平台。智慧感知是指通过采集设备对泵房内的供水机组的工况进行数据采集,或通过传感器对泵房内物理量进行实时数据采集。智慧感知包含供水压力、供水流量、水箱液位、能耗、环境信息、设备参数、运行状态、水质参数、水泵振动等内容。智慧泵房的智慧感知内容见表 5-4。

智慧感知内容详表　　　　表 5-4

序号	名称	单位	应或宜	精度及范围
1	进水口压力	MPa	应	≤0.5%,0~1.60MPa
2	出水口压力	MPa	应	≤0.5%,0~1.60MPa
3	瞬时流量(进出口)	m³/h	应	±0.5%,0~99999m³/h
4	累计流量(进出口)	m³/h	应	±0.5%,0~99999m³/h
5	水箱液位	mm	应	±1mm,≥4000mm
6	水箱进水流量	m³/h	宜	±0.5%,0~99999m³/h
7	水质参数	多种	应	
8	耗电量	kW·h	应	±1%,0~99999.999kW·h
9	泵房内电能参数	多种	应	
10	水泵电流	A	应	≤±0.1A,范围≥40A
11	水泵工作频率	Hz	应	±0.1Hz,0~50Hz
12	水泵电压	V	应	0~400V
13	泵房内温度	℃	应	±2%
14	泵房内湿度	%	应	±2%
15	泵房内漏水	N/Y	应	NO/YES
16	泵房内电气火灾	N/Y	应	NO/YES
17	除湿机工作状态	ON/OFF	宜	ON/OFF
18	管网压力(含最不利点及关键控制点)	MPa	宜	≤0.5%,≥1.60MPa
19	水泵振动	%	宜	±0.1%,0%~100%
20	电机故障代码	00H~FFH	应	00H~FFH

流量数据展现应包含：

①瞬时流量：以曲线图方式按时间绘制，每两个相邻绘制点的时间间隔为采样周期间隔。

②日流量与累计流量。

③小时流量与 24 小时内最大、最小流量。

④小时、日流量历史数据查询，以及前 3 个月的历史日流量。

压力数据展现应包含：

①进出口小时压力值及 24 小时内最大、最小压力值。

②进口压力与出口压力差值曲线，可通过拖拽进行放大和缩小，并标注出当前时间段内最大、最小的差值。

③当前设定的压力值与历史查询的压力值。

电能数据展现应包含：

①泵房内总电压、总电流、总功率、总电能等数据，累计电能显示、小时电能统计、日电能统计、月电能统计、年电能统计。

②分相电压、电流、功率、电能统计。

③设备能耗比。

设备状态展现应包含：

①电机、控制柜的运行状态。

②电机瞬间电流、电压、功率等参数。

③电机振动、转速、温度、连续工作时长、总工作时长等参数。

④电机、控制柜等设备信息管理与维保记录等。

安防数据展现应包含：

①视频监控。

②门禁管理数据。

③环境数据，包括温湿度、漏水、烟感等相关数据。

报警数据包含泵房内模型数据及图表数据，具有查看、分析、展示及报警弹窗设置功能，报警弹窗具有最高显示权限。

智慧分析内容包括水泵高效区分析、工况监测与分析、备用泵与主泵均衡交替运行、成本评价、错峰调节、数据筛选、大数据智能清洗功能。可接受综合调度指令，参与供水系统联动调度。

预警报警支持短信、手机 APP 或微信、现场声光、远程监控系统语音等方式，实现与智慧水务系统的数据共享。

第6章 设备安装与运维管理

6.1 施工安装

6.1.1 一般规定

二次供水工程应按批准的设计文件和审查合格的施工图进行施工安装。修改设计应有原设计单位出具的设计变更文件。如设计方案有重大变更或修改，还需重新进行施工图审查。

二次供水工程的施工应编制施工组织设计或施工方案，经批准后方可实施。

施工前，应按程序进行安全技术交底；施工时，施工人员按规定持证上岗。

隐蔽工程经验收合格后，方可继续下一工序施工。

二次供水并网前，应对二次供水水箱、管道等设施进行冲洗消毒，并经有相应检测资质的部门（单位）检测合格后，方可通水运行。

二次供水工程材料设备管理、施工过程质量控制及分部（分项）工程安装验收按现行《建筑给水排水及采暖工程施工质量验收规范》（GB 50242）的有关规定执行。

施工验收应符合现行《建筑工程施工质量验收统一标准》（GB 50300）。

6.1.2 施工安装准备

二次供水工程施工前应具备下列条件：

①主要设备、组件、管材管件及其他器材的进场应能保证正常施工的需要。

②施工现场及施工中使用的水、电、气能满足施工要求。

二次供水工程的施工过程质量控制应按下列规定进行：

①设备、器材进场后应检查验收并做记录。

②各施工工序应按相关技术标准进行质量控制，每道工序完成后应及时检查，在检查合格后再安排下道工序。

③施工过程中，各专业工种之间应进行交接检验，应经监理工程师签证后再进行下道工序。

④二次供水工程安装完成后，施工单位应按照相关规定进行调试。

⑤调试完成后，施工单位应向建设单位提供质量控制资料文件和施工过程质量检查记录。

6.1.3 水泵安装要求

安装水泵前应检查产品合格证，核对其规格、型号和性能参数是否与设计文件一致。

复核水泵基础的平面位置、平面尺寸、顶面高程、螺栓孔、混凝土强度、隔振装置是否符合要求。

水泵的安装应符合现行《机械设备安装工程施工及验收通用规范》(GB 50231)、《压缩机、风机、泵安装工程施工及验收规范》(GB 50275)的有关规定。

泵隔振器材及进、出水柔性管接头的设置应符合设计要求,按照产品说明书的要求进行安装。

6.1.4 二次供水设备安装要求

安装二次供水设备前应检查产品合格证,核对其规格、型号和性能参数是否与设计文件一致。

安装二次供水设备时,环境温度不应低于5℃,不宜高于40℃。

施工人员应熟悉二次供水设备的性能和基本组成。

二次供水设备的安装应考虑日常运行和维护管理的需要。

设备安装的垂直度控制值不应大于5mm/m;水泵机组安装的泵体垂直度不应大于0.1mm/m。

6.1.5 水池和水箱安装要求

水池和水箱的材质、平面位置、规格尺寸、有效容积应符合设计要求。

水池、水箱的施工和安装应符合现行《给水排水构筑物工程施工及验收规范》(GB 50141)和《建筑给水排水及采暖工程施工质量验收规范》(GB 50242)的有关规定。

安装水池、水箱时,池(箱)外壁与建筑本体结构墙面或相邻池壁之间的净距应满足施工、装配和检修的需要。

钢筋混凝土水池管道穿墙部位应加设防水套管。

6.1.6 二次供水管道安装要求

严禁二次供水生活给水管道与非饮用水管道直接连接。

二次供水管道的敷设应符合现行《建筑给水排水及采暖工程施工质量验收规范》(GB 50242)及其他相关标准的规定。

二次供水系统的建筑物引入管与污水排出管之间的管外壁水平净距不宜小于1.0m,且引入管应有不小于0.003的坡度,坡向室外管网或阀门井、水表井。引入管的拐弯处宜设置支墩。当引入管穿越承重墙或建筑物基础时,应预留洞口或设置钢套管;穿越地下室外墙处应预埋防水套管。

二次供水室外管道与建筑物外墙平行敷设时,其净距不宜小于1.0m,且不得影响建筑物基础。供水管与污水管平行敷设时的最小水平净距不应小于0.8m,交叉敷设时供水管应在污水管上方,且接口部位不应重叠,其最小垂直净距不应小于0.1m,达不到要求的应采取相应保护措施。

二次供水埋地给水管不宜穿越建筑物、构筑物基础;当必须穿越时,应采取设置护套管等保护措施,严禁给水管道穿越雨污水检查井及排水管渠。管道应敷设在土壤冰冻线以下;覆土深度根据设置位置而定,人行道下不宜低于600mm,车行道下不宜低于1000mm,达不到要求的应采取相应保护措施。

二次供水管道安装时,管道内和接口处应清洁、无污物;安装过程中应防止施工碎屑等异物落入管中，施工中断和结束后应对敞口部位采取临时封堵措施。

薄壁不锈钢管的安装应符合下列规定：

①进场的薄壁不锈钢管材、管件及配件应由监理或建设单位人员验收。

②对进场的每批薄壁不锈钢管材和管件，应与产品的来件资料核对，内容包括：供方名称、产品名称、材料牌号、标准号、批号、净重或根数。开箱后，按现行《不锈钢卡压式管件组件》（GB/T 19228）和生产企业产品标准规定进行规格尺寸、外观和气密性的抽样检查或全面检验。

③对进场的薄壁不锈钢管材、管件及配件，应验收其产品使用说明书、产品合格证、质量保证书、性能检验报告等相关资料以及政府主管部门认可的检测机构出具的产品质量检验合格报告。

④薄壁不锈钢管材和管件应存放在无腐蚀性介质的仓库内，严禁与其他金属接触，不得与混凝土及砂砾等物质接触。露天堆放时应采取防雨淋和防浸泡措施。

⑤薄壁不锈钢管材应按不同规格分别堆放并做标识，管材两端应加装堵帽。管件应装箱并逐层堆放整齐，不宜过高，应确保不倒塌，便于存取和管理。

⑥切割薄壁不锈钢管应采用无显著温升的切割方式。

⑦薄壁不锈钢管法兰连接应符合现行《建筑给水金属管道工程技术规程》（CJF/T 154）的规定。

⑧安装管道支架前应校核孔位，支架安装要牢固、横平竖直；支架的根部应支撑在地面或钢筋混凝土柱、架、墙面上。

⑨用手动割刀或不锈钢专用机械齿锯切割钢管，管子切口端面的倾斜率见表6-1。

薄壁不锈钢管端部的切斜（单位：mm） 表6-1

薄壁不锈钢管外径	切 斜	薄壁不锈钢管外径	切 斜
≤20	≤1.5	>50.8~101.6	≤3.0
>20~50.8	≤2.0		

⑩用毛刺清理工具清除端口内外毛刺，切口端面应平整、干净、无裂纹、毛刺、凹凸、缩口、熔渣等。

⑪管材插入管件前，用画线笔在管端做插入深度标记，以保证插入到位。

⑫管材插入管件承口内的深度应与画线标识吻合，插入长度偏差不应大于3mm，不得刮伤管件内的密封圈。

⑬卡压连接前，应检查卡压钳口与管件的规格是否匹配。连接后用专用量规检查卡压接头是否符合要求，不得有漏卡或卡压不到位的情况。在更换卡压工具后和每天开工前，应对卡压的前3个接口进行检查，作业中间的抽查比例不应少于5%。

钢塑复合管的安装应符合下列规定：

①钢塑复合管的安装施工程序应符合下列要求：室内埋地管应在底层土建地坪施工前安装；室内埋地管道安装至外墙外不宜小于0.5m，管口应及时封堵；钢塑复合管不得埋设于钢筋混凝土结构层中；管道安装宜从大口径逐渐接驳到小口径。

②管道穿越楼板、屋面、水箱（池）壁（底），应预留孔洞或预埋套管，并应符合下列要求：

预留洞孔直径应为管道外径加40mm；管道在墙板内暗敷需开管槽时，管槽宽度应为管道外径加30mm，且管槽的坡度应等于管道坡度；在钢筋混凝土水池（箱）进水管、出水管、泄水管、溢水管等穿越处应预埋防水套管，并应用防水胶泥嵌填密实。

③管径不大于50mm时可用弯管机冷弯，但其弯曲曲率半径不得小于8倍管径，弯曲角度不得大于10°。

④埋地、嵌墙敷设的管道在隐蔽工程验收后应及时填补。

PPR（无规共聚聚丙烯）给水管的安装应符合下列规定：

①管材和管件，不得露天存放，应存放在通风良好的库房或简易棚内，防止阳光直射。注意防火，距离热源不得小于1.0m。

②管材应水平堆放在平整的地面上，应避免管材受外力弯曲，堆高不得超过1.5m；管件宜装在纸箱内逐层码堆。

③管道嵌墙、直埋敷设时，宜在砌墙时预留凹槽，凹槽深度为管道公称直径加20mm，宽度为管道公称直径加40～60mm。凹槽表面应平整，不得有尖角等突出物。管道试压合格后，用M7.5级水泥砂浆将凹槽填补密实。若在墙体上人工凿槽，应先确认墙体强度。强度不足或墙体不允许凿槽时不得凿槽，只能在墙面上固定敷设后用M7.5水泥砂浆抹平，或加贴侧砖加厚墙体。

④管道在楼（地）面垫层内直埋时，预留的管槽深度不应小于管道公称外径加5mm，当达不到此深度时应加厚地坪垫层；管槽宽度宜为管道公称外径加40mm。管道试压合格后，用与地坪面层相同等级的水泥砂浆将管槽填补密实。

⑤安装管道时不得有轴向扭曲。穿墙或穿楼板时，不宜强制校正。与其他金属管道平行敷设时，应有一定的保护距离，净距不宜小于100mm，且PP-R管宜在金属管道的内侧。

⑥PP-R管道穿越楼板时应设置钢套管，套管高出地面50mm，并有防水措施。当PP-R管道穿越屋面时，应采取严格的防水措施。穿越管段的前端应设固定支架。套管内径为管道公称外径加30～40mm。

⑦PP-R管道穿墙敷设时可预留孔洞，孔洞内径宜为管道公称外径加50mm。

⑧建筑物埋地PP-R引入管或室内埋地PP-R管的敷设要求如下：

a. 管道敷设宜分两阶段进行。先进行室内段的敷设，至基础墙外壁处为止。待土建施工结束，外墙脚手架拆除后，再敷设户外连接管。

b. 室内地坪以下管道，应在土建工程回填土夯实以后重新开挖管沟，将管道敷设在管沟内。严禁在回填土之前或在未经夯实的土层中敷设管道。

c. 管沟底应平整，不得有突出的尖硬物体。土壤的颗粒粒径不宜大12mm，必要时可铺100mm厚的砂垫层。

d. 回填管沟时，管周围的回填土不得夹杂尖硬物体。应先用砂土或过筛粒径不大于12mm的泥土，回填至管顶以上0.3m处，经洒水夯实后再用原土回填至管沟顶面。室内埋地管道的埋深不宜小于0.3m。

e. 管道出地坪处应设置保护套管，其高度应高出地坪100mm。

f. 在管道穿越房屋墙壁基础处应设置金属套管。套管顶与房屋墙壁基础预留孔洞洞顶之间的净空高度应按建筑物的沉降量确定，但不应小于0.1m。

g. PP-R管道穿越车行道时，管顶覆土深度不应小于0.7m。当达不到此深度时，应采取相应的保护措施。

⑨PP-R 管材和管件之间应采用热熔连接或电熔连接,熔接时应使用专用的热熔或电熔焊接机具。直埋在墙体或地坪面层内的管道只能采用热熔或电熔连接,不得采用丝扣或法兰连接。

⑩当 PP-R 管材与金属管件(或管路附件)连接时,应采用带金属嵌件的聚丙烯管件作为过渡,该管件与 PP-R 管材采用热熔或电熔连接,与金属管件或管路附件采用丝扣连接。

⑪热熔连接、电熔连接、法兰连接的步骤和要求详见现行《建筑给水塑料管道工程技术规程》(CJJ/T 98)。

二次供水埋地管道的连接方式和基础、支墩的做法应符合下列要求:

①地震基本烈度Ⅶ度及Ⅶ度以上地区宜选用柔性连接的金属管道。

②当选用球墨铸铁给水管时宜采用承插连接。

③埋地给水管道的基础和支墩应符合设计要求;设计对支墩没有要求时,应在管道三通或转弯处设置混凝土支墩。

二次供水架空管道的敷设位置应符合设计要求,并应符合下列规定:

①架空管道的敷设不应影响建筑功能的正常使用,不应影响和妨碍人员通行以及门窗开启。

②当给水管穿越地下室外墙、构筑物墙壁以及屋面等有防水要求的部位时,应设置防水套管。

③给水管穿过建筑物承重墙或基础时应预留洞口,洞口高度应保证管顶上部净空不小于建筑物的沉降量,且不宜小于 0.1m,并应填充不透水的弹性材料。

④给水管穿过墙体或楼板时应加设套管,套管长度不应小于墙体厚度,或应高出楼面或地面 50mm。套管与管道的间隙应采用不燃材料填塞,管道的接口不应位于套管内。

⑤当给水管必须穿过房屋伸缩缝及沉降缝时,应采用波纹管和补偿器等技术措施。

⑥当给水管可能发生冰冻时,应采取防冻保温技术措施。

二次供水架空管道的支吊架设置应符合下列规定:

①支、吊架的设计应考虑在管道的每一支撑点处应能承受 5 倍于充满水的管重,且管道系统支撑点应能支撑整个给水系统。

②当管道需穿梁敷设时,穿梁处可视为 1 个吊架。

③二次供水架空管道的下列部位应设置固定支架或防晃支架:

a. 配水管宜在中间点设置 1 个防晃支架,但当管径小于 DN50 时可不设。

b. 当配水干管、配水管、配水支管的长度超过 15m 时,每 15m 长度管段应至少设 1 个防晃支架,但当管径不大于 DN40 可不设。

c. 管径大于 DN50 的管道拐弯、三通及四通位置处应设置 1 个防晃支架。

d. 防晃支架的强度应满足管道、配件及管内水的重量再加 50% 的水平方向推力时不损坏或不产生永久变形。当管道穿梁敷设且用紧固件将管道固定于混凝土结构上时,可作为 1 个防晃支架。

e. 每段架空管道设置的防晃支架不应少于 1 个。当管道改变方向时,应增设防晃支架。应在立管始端和终端设防晃支架或采用管卡固定。

在地震基本烈度Ⅶ度及以上地区,二次供水架空管道的安装应符合下列要求:

①宜采用沟槽连接件的柔性接头或接头间隙保护系统的整体安全性。
②应用支架将管道牢固地固定在建筑物结构上。
③管道应由固定部分和可活动部分组成。
④当管道穿越连接地面以上部分建筑物的地震接缝时,无论管径大小,均应设置带柔性配件的管道地震保护装置。
⑤所有穿越墙、楼板、平台以及基础的管道周围应留有间隙。DN25~DN80管径的管道,管道周围间隙不应小于25mm;DN100及以上管径的管道,管道周围间隙不应小于50mm。间隙内应填充腻子等柔性防火材料。
⑥管道抗震竖向支撑应符合下列规定:
　a.竖向支撑应牢固且同心,支撑的所有部件和配件应在同一直线上。
　b.供水主管竖向支撑的间距不应大于24m。
　c.立管的顶部应采用4个方向受力的支撑固定。
　d.供水主管上的横向固定支架间距不应大于12m。

6.1.7　给水阀门安装要求

给水阀门与管道的连接一般有法兰、螺纹、对夹和卡箍等方式。安装阀门时应考虑阀门的结构长度、整个阀门外形尺寸、阀门开启和关闭高度方向的尺寸和安全操作距离等。

应在连接管道、检验合格后安装给水减压阀组。安装前,应将阀组上游管道冲洗干净,管道内不得残留泥沙、石子、焊渣等杂物,认真检查阀组各组件内部是否清洁。

安装时,给水减压阀组各组件上标示的流向应与管道水流方向一致。

比例式减压阀水平安装时,其呼吸孔不应朝上。

过滤器的排污口应向下布置。

减压阀组的安装高度距地面不宜超过1.8m。

6.2　调　　试

二次供水设施施工完成后应全面进行调试。调试的目的是确保供水设施可以正常工作,为验收提供依据,为后续的移交提供保障。二次供水设施的调试包括:管网试压、贮水容器满水试验、消毒设备调试、水泵运转试验、系统通水试验、管道冲洗和消毒。

6.2.1　一般规定

设施完工后应按设计要求进行系统的通电、通水调试。

管道安装完成后应分别对立管、连接管及室外管段进行水压试验。对系统中不同材质的管道应分别试压。水压试验必须符合设计要求,不得用气压试验代替水压试验。

暗装管道必须在隐蔽前试压及验收。热熔连接管道水压试验应在连接完成24h后进行。

金属管、复合管及塑料管管道系统的试验压力应符合现行《建筑给水排水及采暖工程施工质量验收规范》(GB 50242)的规定。各种材质的管道系统试验压力应为管道工作压力的1.5倍,且不得小于0.60MPa。

对不能参与试压的设备、仪表、阀门及附件,应拆除或采取隔离措施。

贮水容器应做满水试验。

消毒设备应按照产品说明书进行单体调试。

系统调试前应将阀门置于相应的通、断位置,将电控装置逐级通电,工作电压应符合要求。

对水泵应进行点动及连续运转试验。当泵后压力达到设定值时,对压力、流量、液位等自动控制环节应进行人工扰动试验,试验结果应达到设计要求。

系统调试模拟运转不应少于30min。

调试后必须对供水设备、管道进行冲洗和消毒。

冲洗前应对系统内易损部件进行保护或临时拆除,冲洗流速不应小于1.5m/s。消毒时,应根据二次供水设施类型和材质选择相应的消毒剂,可采用20~30mg/L的游离氯消毒液浸泡24h。

冲洗、消毒后,系统出水水质应符合现行《生活饮用水卫生标准》(GB 5749)的规定。

6.2.2 管网试压

二次供水系统管网安装完毕后,应进行强度试验和严密性试验。

1)系统管网强度试验

系统管网强度试验前应开展以下准备工作:

①复查埋地管道的位置及管道基础、支墩等是否符合设计要求。管件的支墩、锚固设施应达到设计强度。未设支墩及锚固设施的管件,应采取加固措施。

②试压用的压力表不应少于2只,精度不应低于1.5级,量程应为试验压力值的1.5~2倍。

③所有敞口部位应封堵严实,不得有渗水现象,不得采用闸阀作为堵板。

④不得连接止回阀、角阀、水嘴、水锤消除器、安全阀等附件一起试压。对不能参与试压的设备、仪表、阀门及附件,应隔离或拆除。加设的临时盲板应具有突出于法兰的边耳且应做明显标志,记录临时盲板的位置和数量。

二次供水系统管网安装完成后应进行水压强度试验。水压试验必须符合设计要求,不得用气压试验代替水压试验。水压强度试验若无特殊设计要求,可按现行《建筑给水排水及采暖工程施工质量验收规范》(GB 50242)的规定执行。

金属管材试压管段长度不宜超过1.0km。非金属管材试压管段长度不宜超过0.5km。

系统管网强度试验应满足下列要求:

①水压试验时环境温度不宜低于5℃。当低于5℃时,水压试验中应采取防冻措施,并采用温度计进行全数检查。

②管道试压前应充水浸泡不少于12h。管道充水后应检查未回填的外露连接点(包括管道与管道附件连接部位),发现渗漏应排除。充水装置应在整个试压管段的最低处,充水时应尽量缓慢,在试验管段的上游管顶及管段中的凸起点部位应设排气阀。

③水压强度试验的测试点应设在系统管网的最低点。管网注满水后,应缓慢升压达到试验压力,稳压30min,管网应无泄漏、无变形,且压力降不应大于0.05MPa,应进行全数直观检查。

④系统试压过程中,出现泄漏时应停止试压并放空管网中的试压介质,消除问题后再重

新试压。

⑤系统试压完成后,应及时拆除所有临时盲板及供试验用的管道,并应与记录核对无误。

2)系统管网严密性试验

在系统管网水压强度试验合格后,连接系统的设备、仪表、阀门及附件,进行水压密性试验。试验压力应为系统工作压力,稳压24h,应无泄漏,应进行全数检查。

系统严密性试验经验收合格后,应按设计要求对埋地管道进行回填,对暗装管道进行隐蔽。

6.2.3 贮水容器满水试验

对水池(箱)等贮水容器做满水试验,不但可以检查水池(箱)渗漏情况,还可以检验其安装质量、抗水压强度及水池(箱)附件的质量。

满水试验要求:

①焊接式水箱制作完毕后,将水箱完全充满水,静置2~3h后,用0.5~1.5kg的铁锤沿焊缝两侧约150mm的地方轻敲,不漏水为合格;如发现漏水,需重新焊接,再进行试验。

②装配式水池(箱)安装完毕后,装满水静置24h,无渗漏且水箱标准版凸变形量小于10mm为合格。

6.2.4 消毒设备调试

二次供水消毒设备应按照产品说明书或《二次供水消毒设备选用及安装》(14S104)进行调试。

6.2.5 水泵运转试验

在二次供水系统调试时,受缺水、断水、气蚀或水中杂质影响,水泵损坏事故时有发生。故在水泵运转试验时,应在水泵点动正常、进入模拟运转状态后再对系统压力、流量、液位、频率等参量进行调节试验,避免设备及管网损坏。

对水泵进行点动及连续运转试验,当泵后压力达到设定值时,应对压力、流量、液位等自动控制环节进行人工扰动试验,且均应达到设计要求。系统调试模拟运转时间不应短于30min。

6.2.6 系统通水试验

二次供水系统应做通水试验。

在系统通水试验前应按设计文件要求将控制阀门置于相应的通、断位置并将电控装置管逐级通电,工作电压应符合要求。

6.2.7 管道冲洗与消毒

管道冲洗和消毒是为了防止施工过程中可能存在的异物和污染物影响用户用水安全。供水设备和管道的清洗消毒是否充分、方法是否得当,直接关系到管网水质检测能否合格。

管道冲洗应满足下列要求:

①冲洗前,应对管道支吊架、防晃支架等进行检查,必要时应采取加固措施。
②冲洗前应对系统管网中的易损部件或设备进行保护或临时拆除。
③管网冲洗宜设置临时专用排水管道,冲洗时应保证排水管路畅通。
④冲洗顺序应为先室外、后室内,先地下、后地上。室内部分的冲洗应分区、分段,按供水干管、水平管和立管的顺序进行。管网冲洗的水流方向应与供水时的水流方向一致。
⑤管网冲洗宜采用市政自来水。
⑥冲洗应避开用户用水高峰,以流速不小于1.5m/s的水流连续冲洗,打开系统配水点末梢多个龙头,直至出水口处浊度、色度与入水口处冲洗水相同为止。
⑦当被冲洗管道管径大于DN100时,应对其死角和底部施加适当振动,但不应损伤管道。
⑧管网冲洗结束后,应将管网内的水排除干净。对临时拆除设备和冲洗后可能存留脏物、杂物的管段,应在清理后重新安装复位。

消毒时,应根据二次供水设施类型和管网材质选择相应的消毒剂。为了防止氯离子腐蚀管道,薄壁不锈钢配水管道经试压后,宜采用0.03%的高锰酸钾消毒液消毒,浸泡24h以上后排空;其余材质管道宜采用含20~30mg/L游离氯消毒水消毒,浸泡24h以上后排空。消毒合格后,再用市政自来水进行冲洗,至水质管理部门取样化验合格为止。

6.3 验 收

6.3.1 一般规定

二次供水工程安装及调试完成后应按下列规定组织竣工验收:
①工程质量验收应按现行《建筑给水排水及采暖工程施工质量验收规范》(GB 50242)和《建筑工程施工质量验收统一标准》(GB 50300)执行。
②设备安装验收应按现行《机械设备安装工程施工及验收通用规范》(GB 50231)执行。
③电气安装验收应按现行《建筑电气工程施工质量验收规范》(GB 50303)执行。

6.3.2 竣工验收文件资料准备

竣工验收时应提供下列文件资料:
①施工图、设计变更文件、竣工图。
②图纸会审记录。
③隐蔽工程验收资料。
④项目的设备、材料合格证、质保卡、说明书等相关资料。
⑤涉水产品的卫生许可批件。
⑥混凝土、砂浆、防腐及焊接质量检验记录。
⑦回填土压实度的检验记录。
⑧系统试压、调试、冲洗、消毒检查记录。
⑨具有国家法定资质的水质检验单位出具的系统管网水质检验合格报告。
⑩环境噪声监测报告。

⑪中间试验和隐蔽工程验收记录。
⑫竣工验收报告。
⑬工程质量评定和质量事故记录。
⑭工程影像资料。

6.3.3 竣工验收检查项目

竣工验收一般检查项目为：
①供电电源的安全性、可靠性。
②泵房位置、泵房及周边环境、水泵机组运行状况和扬程、流量等参数。
③系统管材、管件、附件、设备的材质和管网口径与设计要求的一致性。
④水池(箱)材质。
⑤供水设备显示仪表的准确度。
⑥供水设备控制与数据传输功能。
⑦用电设备接地、防雷等保护功能。
⑧泵房排水、通风及管路保温。

竣工验收重点检查项目为：
①系统运行可靠性。
②防回流污染设施的安全性、可靠性。
③消毒设备的安全性、可靠性。
④供水设备的减振措施及环境噪声控制。

6.3.4 资料归档

施工单位整理移交建设单位归档的技术资料应包括以下内容：
①管材、管件、设备等出厂合格证书、涉水产品的卫生检验报告。
②工程竣工图纸。
③二次供水设备的使用说明书、控制原理图等资料。
④系统水压试验、管网清洗和消毒记录、水质检验报告。

6.4 运 行

6.4.1 泵房运行要求

泵房内应保持良好的照明和通风换气条件,环境整洁、卫生,排水系统通畅。泵房内严禁存放有毒、有害、易燃、易爆、易腐蚀及可能造成环境污染的物品。巡检人员应加强巡检工作,确保设备安全可靠运行。

二次供水设施设备的所有操作均应由专责人员负责,其他人员不得擅动,无关人员不得进入泵房。

二次供水设施设备运行管理人员应全面了解供水设备的性能、用途、系统管线走向和控制阀门的位置及相互关系,了解各用水设备和用水点的布局,不得随意更改已设定的运行控制参数。

二次供水设备在正常状态下应置于自动运行位置,所有操作标志应简单明了。在设备故障、停用、维修情况下应设置警示标志牌。

运行管理人员应定期巡视现场情况,对二次供水设备进行例行安全检查,确保二次供水系统不间断安全运行。

6.4.2 储水设施运行要求

二次供水储水设施应无跑、冒、滴、漏现象;水体无杂质、无异味;水位控制阀等各类阀门应启闭灵活、性能可靠;液位计指示正确、性能良好。

水池(箱)及检修人孔完好无损,封闭严密,周边环境卫生良好。

水池(箱)溢流管和通气管的防虫网罩无堵塞、锈蚀、脱落、破损等情况,溢流管应间接排水,并有不小于 0.2m 的空气间隙。

水池(箱)的内、外爬梯应牢固,无锈蚀、无开焊。

6.4.3 增压设施运行要求

1)操作要求

巡检人员应定时检查水泵运转状况,查看水压、电压、电流等仪表指示数据。

首次开泵或停水后开泵,启泵前应先检查市政管网压力或水池(箱)的水位是否适合开机,检查管路中的阀门是否处于开启状态,对水泵应先进行排气。以手动方式启动,如无异常声响,转至自动状态,检查水泵前和水泵后压力表是否读数相近。如发现异常噪声或水压指针波动大等现象,及时关闭电源并报修。

查看仪表读数、泵的轴承温度、振动和声音是否正常,发现异常情况及时处理。当水池(箱)水位低于规定的最低水位时,应立即查找原因并及时处理。

操作人员应熟悉电气装置的额定容量、保护装置的整定值和保护元件的规格,不得任意更改电气装置的额定容量和保护元件的规格。发现电气装置的绝缘材料或外壳损坏,应立即停止,及时修复或更换。

泵站运行期间,不得单人独自进行电气修理工作。长期放置不用或新安装的用电设备应经安全检查或安全检验合格后才能使用。

2)设备要求

水泵等设备应无跑、冒、滴、漏现象。水泵的流量、扬程、轴功率等技术参数应符合铭牌标示。对水泵水压每半年应至少检测一次,保证水压符合设计正常工况;发现异常时应立即停机,启用备用泵,并对异常情况进行检查和处理。

水泵运行时应符合下列要求:

①水泵进口处有效汽蚀余量应大于水泵规定的必需汽蚀余量。进水水位不应低于规定的最低水位。

②水泵应运转平稳,振动速度小于 2.8mm/s,水泵的噪声应小于 85dB(距离设备 1m、离地 1m 处测量)。

③水泵应在高效区运转,泵的效率偏移额定效率不超过 12%。

④检查排气阀,及时排除管网积存的空气。

⑤检查压力表、电流表、电压表、温度计有无异常情况,当发现仪表损坏或显示数值有误时应及时更换。

⑥与水泵相连的各种配件应无锈蚀、不滴油、不漏水。

⑦在出水管阀门关闭的情况下,离心泵连续工作时间不应超过3min。

⑧新安装的水泵首次启动时,应对其配电设备、继电保护、线路、接地线、远程装置、操作装置、电气仪表等进行检查,测量电动机的绝缘电阻,检查电源三相电压是否在正常范围内。

⑨水泵电机运行时应确保状态正常,具体要求如下:电动机应处于良好工作状态,无异常声响;电动机应在额定电压的±10%范围内运行,运行电流不超过额定值,电流指示稳定,无周期性摆动,三相电流不平衡度不超过10%;电动机温升应在允许范围内,可用手触摸电机表面查看是否异常。

6.4.4 管道、阀门运行要求

运行时应检查管道和阀门,确认无渗漏、无污损、无锈蚀,阀门启闭状态正确、启闭灵活,阀门零配件齐全,管道支架、托架、吊架、管卡等安装牢固、无松动、无锈蚀,管道保温、防腐设施完好。

6.4.5 配电装置运行要求

信号灯显示正常。配电柜通风状况良好,无异常气味。接插件无松动、裂纹、破损及变形。电器元件触头动作可靠、无卡阻现象。

电控柜的接地和接零正常。电控柜通风扇正常运转,通风孔无堵塞。

6.4.6 自控系统运行要求

自控系统的所有设备、软件、配件和材料应符合要求。

宜建立集散型计算机控制系统,实现对二次供水管网水量、水质、水压等数据的采集、传送、备份。如果供水企业需要实时运行数据,应设置必要的接口。

宜对二次供水泵房、水池(箱)等重点部位逐步建立远程监控系统,远程监控系统可与现场监控系统并存。

6.5 管 理

二次供水管理主要包括管理模式、管理制度、维护管理人员、设施日常维护、安全管理及应急事故处置六个方面。

6.5.1 管理模式

长期以来,我国城镇二次供水设施建成后多采取单位自建自管及居民住宅小区委托物业管理部门负责日常维护两种管理模式。因人员素质较低、管理不到位、设备年久失修,造成管网跑冒滴漏严重、事故频发、二次供水水质难以保证等问题。

近年来,我国城镇二次供水管理现状有了较大改观,大致有分建分管、分建统管、统建统管、特许经营、合同能源管理等模式,并取得了较好成效。总体来看,分建统管和统建统管两种模式广受欢迎,有利于技术升级,有利于最终实现智联供水。就统管而言,有二次供水专业公司管理与水务部门统一管理两种。

6.5.2 管理制度

二次供水管理单位应有健全的管理制度(如设备台账、技术档案管理制度、日常巡视制度、设备维护与检修制度、用电安全制度、事故应急处置程序等)。对于关键岗位和重要设备,应有操作、检修、调试等方面的技术要求或规则。

二次供水管理单位应完整收集、妥善保管二次供水设施的有关技术资料,主要包括:
①地上及地下管网、供水泵房、储水池(箱)及附属设施的设计、竣工图纸。
②二次供水泵房管路系统原理图。
③系统试压、验收资料。
④二次供水设施接管验收过程相关资料。

二次供水管理单位应有系统的设备采购、封存、使用、转移、报废制度以及健全的设备台账管理制度。

二次供水管理单位应有健全的操作、维护、保养制度,内容包括操作要求、操作程序、故障处理、安全生产和日常保养维护要求等。应明确规定设备及设施维护、保养的具体要求,重点设备维护、保养的具体操作步骤及责任人。

二次供水管理单位应有健全的设备及设施检修制度,具体为:建立以设备正常工作时数为基准的例行检查检修制度,建立设备及设施的日常巡检、抽检制度。

设备及设施的维护、保养、检修过程应有详细记录。

二次供水管理单位应建立健全各类报表制度。

6.5.3 管理维护人员

二次供水管理单位应当配备必要的维护管理人员。

二次供水管理和维修人员应每年进行一次身体健康检查,参加饮用水安全卫生知识培训、持健康证明上岗。患有痢疾、伤寒、病毒性肝炎、活动性肺结核、化脓性或渗出性皮肤病及其他有碍饮用水卫生安全的疾病和病原携带者,不得直接从事二次供水涉水卫生和涉水器具的清洁工作。

二次供水管理和维修人员应接受相关技能培训和应急预案演练,经考评合格后上岗。具体要求为:
①熟悉设备性能及操作要领,严格执行设备安全操作规程。
②保持设备及附件、工具的完好、整洁,认真执行保养操作规定。
③熟悉设备结构,掌握设备性能,能排除一般故障,可与维修人员共同排除较大故障。

6.5.4 设施日常维护

二次供水设施日常维护工作是保证二次供水设施持续正常运行的基础,应根据实际情况制定日常维护制度,严格组织实施。二次供水设施日常维护分为日常巡检和定期维保两个部分。当发现隐患或一般性故障时,应及时组织维修,恢复设施正常使用功能,保证安全运行。

二次供水设施维护所使用的管材、管件以及防护涂料等涉及饮用水卫生安全的产品,应取得卫生许可批件。

二次供水设施运行不得间断。因设备维修、水池(箱)清洗等原因确需停水的,应提前24h通知用户;因不可预见原因造成停水的,应在安排抢修的同时通知用户;超过24h不能恢复正常供水的,应采取应急供水措施,解决居民基本生活用水。

1) 储水设施清洗、消毒

水池(箱)内壁容易滋生细菌或致病性微生物。如果没有定期清洗、消毒或清洗、消毒不规范,将导致系统水质的二次污染。

应每周检查储水设施水位是否正常,检查水池(箱)内壁是否光滑清洁、外表面保温层是否完好,发现影响水质的情况应及时处理。

承担二次供水设施清洗、消毒的单位应具备法人资格,有固定的营业场所,取得当地卫生行政主管部门颁发的卫生许可证。

二次供水设施的清洗要求如下:

①清洗频率:每半年不少于1次,可根据实际情况增加频次。

②清洗消毒所使用的清洁用具、清洗剂、除垢剂、消毒剂等必须符合国家有关标准的规定。

③清洗顺序:通常按照自来水的流向,先地下、后地上,先源头、后末端。

④清洗前要提早向用户发出清洗通告,包括停水及恢复供水时间、用户储水准备等,尽量减少停水给用户带来的不便。

二次供水设施的消毒要求如下:

①水池(箱)清洗完成后应进行消毒。

②应根据水池(箱)的材质选择合适的消毒剂。

清洗、消毒前应进行以下准备工作:

①清洗人员进入储水设施清洗现场后,应首先关闭水池(箱)进水阀门,然后打开储水设施泄水阀排水。

②水池(箱)内属于相对密闭空间,存在供氧不足、触电、高处坠落等安全风险。现场责任人应对进入水池(箱)作业的人员、设备、供电、通风等进行检查,确认安全后方可允许人员进入水箱作业。

③在水池(箱)清洗作业过程中,宜采用鼓风机往水池(箱)内连续送风至作业结束,保证空气中含氧量符合要求。

④清洗消毒人员应身穿工作服、头戴工作帽、脚穿防滑雨靴,消毒操作人员还应佩戴手套、口罩、眼镜、安全绳等防护用品。

⑤应使用12V安全电压照明灯,导线绝缘良好,用电设备应接入有漏电保护开关的配电箱。

水池(箱)清洗、消毒方法为:

①使用棕刷、钢刷,采用人工洗刷和高压水枪冲洗相结合的方式对水池(箱)进行全面清

洗,在冲洗的同时排出污水。不得采用洗洁精、洁厕灵等非生活饮用清洁药剂。不宜采用竹扫把等容易折断的工具。

②使用符合国家有关卫生标准的消毒剂配制有效氯含量为 300～500mg/L 的消毒液,用棕刷、高压水枪、喷雾器等专用工具对储水设施内壁进行全面消毒,接触时间不短于 30min。

③储水设施应清洗、消毒 2 次及以上,清洗完毕后,将污水排净。

清洗、消毒后应检测水质。将水池(箱)注满自来水,清洗消毒单位应及时向有资质的水质检测单位申请取样检测。为真实反映水池(箱)清洗消毒效果,且便于取水样,水质检测采样取水点宜选择在水池(箱)出水口。检测项目至少应包括色度、浑浊度、臭和味、肉眼可见物、pH 值、总大肠杆菌、菌落总数、余氯含量等,也可根据需要适当增加检测项目。检测结果应符合现行《生活饮用水卫生标准》(GB 5749)及《二次供水设施卫生规范》(GB 17051)的规定。水质检测结果要向用户公布,检测记录应存档备案。

清洗、消毒操作人员撤离前,应将设施现场清理干净,将水池(箱)检修人孔密封严密,检查各阀门开、关是否正常,检查水位仪是否正常显示,检查通气管、溢流管是否用网包扎完好。

2)水泵日常保养与维修

(1)水泵日常保养

水泵日常保养按间隔时间可分为周保养、月保养、半年保养和年保养。

周保养内容为水泵清洁、泵体加油。

月保养内容为补充轴承内润滑油,更换填料或机械密封,紧固地脚螺栓等。

半年保养内容为检查电机与水泵的联轴节,发现损伤应进行更换。

年保养内容为检修平衡盘与平衡环,检修轴瓦,调整泵轴线与泵体基础平面的平行度,修理、更换叶轮等主要零件,调整填料压盖的松紧度,根据水泵机械密封或填料磨损情况及时更换新机械密封或填料,检查水泵基础及水泵减振装置,调整水泵水平度及水泵与电机的同心度,对整机和辅机进行清洗、除锈、刷漆防腐。

(2)水泵维修

当泵组压力、流量、功率、温度、机组效率、振动、噪声等出现异常时,应及时查找原因并维修。维修后水泵的振动级别应达到现行《泵的振动测量与评价方法》(GB/T 29531)中的 C 级,水泵运转应润滑、无异响,噪声在正常范围内,轴承温升和最高温度符合产品技术说明书的规定,水泵各项运行参数应符合现行《离心泵技术条件(Ⅲ类)》(GB/T 5657)的要求,电机运行参数及维修质量应符合现行《中小型旋转电机通用安全要求》(GB 14711)的规定,水泵及附属部件应密封度好且无漏水、漏油等渗漏现象。

水泵维修前的准备工作为:

①在检修设备停电前,必须将与停电设备有关的变压器和电压互感器从高、低两侧断开,防止向停电检修设备反送电。验明设备确已无电压后,立即将检修设备接地并三相短路。

②停电、验电操作过程中,应设临时遮拦和标示牌,严禁随意移动或拆除遮拦、接地线和标示牌。标示牌应采用绝缘材料制作。标示牌的样式应符合规定。标示牌的悬挂和拆除应按照检修命令执行。

③使用喷灯时,火焰与带电部分必须保持一定的安全距离,电压在10kV及以下者,不小于1.5m。

④雷电时,禁止在室外变电所或室内架空引入线上进行检修。

水泵的维修要求为:

①泵轴的检查、修整、更换应符合下列规定:泵轴光洁、无残损、丝扣无锈蚀;与轴承配合处表面粗糙度不低于1.6μm;卧式泵泵轴径向跳动允许公差小于0.02m;当镀铬泵轴、传动轴的镀铬层脱落或磨损严重时应更换;泵轴两端面应平整,中心孔完好;运输中应保护轴头丝扣并防止弯曲变形。

②滑动巴氏合金轴承的检查、修整、更换应符合下列规定:无裂纹和斑点;轴承应磨损均匀、无显著划痕,轴间隙应在允许范围内;大修加工后应进行刮研,在负荷面60°±5°范围内应达到每平方厘米不少于2个接触点;在检修前后均应精确测量轴承与轴的间隙并记录。

③滚动轴承的检查、修整、更换应符合下列规定:内外座圈、滚道、滚动体、保持架应无残损、磨蚀;当滚道有麻坑、保持架磨损、滚动体破碎或有麻点时,应更换;当过热变色时,需更换;当径向摆动超标时,应更换。

④轴套的检查、修整、更换应符合下列规定:应检测轴套外径磨损情况,保持光洁、无残损;与轴套、轴、锁紧螺母配合的螺纹应完好,配合间隙应适当;轴套键槽应完好;轴套与压母丝扣应完好,配合间隙应适当。

⑤弹性圈柱销联轴器的检查、修整应符合下列规定:表面应光洁、无残损;联轴器与轴配合应符合现行《公差与配合》(GB 1801)中的K7/h6配合公差要求;对较大型机泵,应在运行中实测电机轴线升高值,并予以调整,保证电机和水泵在运行中达到同心;水泵联轴器与电机联轴器外径应相同,轮缘对轴的跳动偏差应小于0.05mm,其他联轴器应按说明书要求检修。

⑥叶轮修复后或更换叶轮时,应做静平衡试验,叶轮最大直径上的静平衡允许偏差应符合现行《单级单吸清水离心泵技术条件》(GB 5657)的规定;去除静不平衡重量时,应磨削均匀、保持平滑,最大磨削厚度不大于原盖板厚度的1/3。

3)电机维护与维修

(1)电机维护

①每半年进行全面检查,并宜在季节变换时进行,半年维护内容为:

a.遥测电机绝缘,相对地绝缘电阻大于0.5MΩ。

b.采用专用仪器,检测电机接线端子温升,温升值符合产品技术说明书的规定;每半年采用专用仪器,检测电机控制部分元件温升,温升值符合产品技术说明书的规定。

②年维护内容为:

a.检查电机的滚动轴承,其工作面应光滑、清洁、无麻点、裂纹及锈蚀;轴承的滚动体与内、外圈接触良好,无松动,转动灵活、无卡涩,其间隙符合规定。

b.添加轴承润滑脂,填满其内部空隙的2/3,同一轴承内严禁填入不同品种的润滑脂。

c.检查运转电机的三相电流平衡,电机额定工作电流符合铭牌规定。

(2)电机维修

电机维修的主要内容和技术要求如下:

a. 当电机的电流、电压出现异常时,应及时查找原因并维修。
b. 检测电机绝缘、接地电阻的摇表应每年校验。
c. 经专用仪器检测后,对温升超标或相对较高的接线端子做适当的紧固处理。
d. 检测电机三相电压,任意两相电压的差数不超过5%。电流不超过铭牌上的额定值,任意两相间的电流差值不大于额定电流的10%。
e. 电机维修安装、接线完毕后,在试运行前,须检查电动机的电源进线和地线,符合要求后方可试车。
f. 泵组维修后需带负荷试运行24h,各部位无异常且各部分电流、温度和振动数符合规定,方可投入正式运行。
g. 电机解体检修后,各项参数应符合产品说明书的技术参数要求。电机绕组温升不超过铭牌规定,电机热保护系统正常工作,冷态绝缘电阻不低于5MΩ。
h. 电机解体保养后,其各项性能指标应符合现行《中小型旋转电机通用安全要求》(GB 14711)的相关规定。

4)管道、阀门

(1)管道、阀门维护保养

应定期巡检二次供水设施的室外埋地管,不得在管线上压、埋、围、占,及时消除影响供水安全的因素。应定期检查并及时维护室内管道,保持室内管道无渗漏。及时调整并记录减压阀工作情况(包括水压、流量)。

二次供水系统中管道、阀门的维护保养按间隔时间可分为周保养、月保养、年保养三种。

周保养内容包括启闭阀门,确认启闭灵活。

月保养内容包括清洗阀前过滤器,发现过滤网破损应及时更换;清洁保障阀门启闭件(阀瓣);向阀门的传动装置加油;对阀门进行一次启闭动作,确保阀门启闭灵活。

年保养内容包括全面清理、检修水泵吸入口滤网、止回阀和管道阀门;对供水系统的设施和附件进行除锈、刷漆;疏通比例减压阀,检查阀体上的通气小孔;进入冬季前,应对室外供水管道、附件(包括水箱、管线、阀门等)保温情况进行检查、修复,电伴热装置应完好。

(2)管道、阀门维修

当二次供水系统总水表与分水表流量值相差较大时,应及时检查管道、阀门的破损、漏水情况,及时维修或更换。维修过程中接触饮用水的工具、器具、产品应符合现行《二次供水设施卫生规范》(GB 17051)的规定。

5)气压水罐日常维护

对气压水罐应每年进行一次专业性检测,确保气囊无破裂。

6)电气控制系统维护与维修

电气控制系统的维护要求为:

①季节性保养宜安排在夏季或冬季换季之前。

②检查电控柜的接地和接零性能,电机的绝缘电阻不应小于0.5MΩ。

③控制电路的显示接插件应无松动、裂纹、破损及变形。

④采用专业仪器检查电器元件的接线端子温升,应在正常范围内。

⑤监测仪表清晰应正确、显示。
⑥电控柜通风扇(如有)应正常运转,通风孔无堵塞。
电气控制系统的维修要求为:
①电气控制系统的维修或元器件更换应在断电情况下进行。
②控制柜主进线开关更换时,所更换断路器的型号应与断路器保持一致,断路器的整定电流值应与原断路器保持一致。
③当电气控制系统继电保护元件发生异常时,应及时更换电器元件,所更换电器元件的规格、技术参数应与原电器元件一致。
④当采用专业仪器发现接线端子温升过高时,应对系统进行全面检查,发现触头松动时应紧固。

7)消毒设备日常维护

应定期保养二次供水系统中的消毒设备,当发现失效、损坏情况时应及时更换或维修。紫外线消毒灯管每半年应更换一次。

6.5.5 安全管理

为保障人民群众的身体健康和生命财产安全,对二次供水设施除加强日常安全管理外,还应采取必要的安全防范措施,应对突发事件:

①应在泵房、水池(箱)等重点部位采取加锁、加防护罩、安装电子监控等安全防范措施。
②任何单位和个人不得擅自改动、拆除、损坏和侵占二次供水设施。
③定期巡视检查二次供水设备、设施及室外庭院埋地管网线路沿线情况。发现系统运行异常或周边施工有可能危及管网时,应及时检修设备并提醒有关方面注意保护供水管网。
④定期分析设施供水及用户用水情况,积累运行管理经验,及时排除影响系统正常供水的各类故障。
⑤二次供水设施中的泵房、配电室、控制室等部位应有安全防范措施。上述部位室内严禁存放有毒、有害物品,严禁堆放各类杂物。
⑥建立二次供水系统水质管理制度,定期对水箱进行维护、保养、清洗、消毒和水质监测,宜设置水质在线监测系统。当水质受到污染或者出现异常时,应立即停止供水,组织清洗、消毒、换水,消除安全隐患。
⑦定期检查泵房内的排水设施、生活水池(箱)的液位控制装置、消毒设备以及各类仪器仪表,以保证二次供水系统的安全正常运行。
⑧电机、水泵的转动部位应有防护罩。设备运行时不得触碰电机、水泵的转动部件。
⑨二次供水维护工作中使用的过滤、净化、消毒、防腐器材,应有政府卫生主管部门颁发的产品卫生安全性评价报告。
⑩叠压供水方式有严格的使用条件,应事先征得供水企业和有关部门的同意。

6.5.6 应急事故处置

1)二次供水应急事故预案

当发现二次供水受到污染时,应立即停止供水并采取应急措施,保障居民日常生活用水,同时报告相关管理部门并协助相关部门进行调查处理。

二次供水管理单位应根据实际情况制订应急处置预案,应每年进行预案演练。预案应包括:处置突发事件的人员分工和各自职责;处置突发事件的工作流程;应急物资储备和存放;发现突发事件应立即报告的上级行政主管部门负责人的紧急联系电话。

编制应急预案后,应定期组织演练和评价,不断充实完善。

2)二次供水应急处理程序

二次供水发生水质污染,可能危及人体健康时,有关单位或者相关责任人应当立即关停二次供水设施,并向水行政主管部门、卫生和环境保护行政管理部门报告。有关部门应当及时消除污染源,城市供水设施管护责任人应当及时对城市供水设施进行清洗、消毒,经相关行政管理部门检验合格后方可恢复供水。

6.6 二次供水设施改造

近年来,随着我国城镇化进程的不断加快,居民生活水平与用水需求不断提高。然而,由于各地城镇供水设施建设年代不一,市政供水条件存在差异,二次供水系统形式不尽相同,城镇小区二次供水的安全性、可靠性面临新的挑战。

对不符合要求的二次供水设施进行改造,是确保供水水质安全的重要手段。

城镇二次供水设施改造的主要内容包括二次供水老旧泵房改造、原有二次供水系统水箱(水池)改造和小区原有二次供水管网改造三个方面。

6.6.1 二次供水老旧泵房改造

二次供水老旧泵房改造包括以下类型:

(1)泵房老旧设备的更新换代改造

对泵房原有老旧二次供水设备进行整体更换,包括增压泵组、电气控制设备、泵房配管、管路附件及与设备配套的水箱等设施设备的更新换代改造。

(2)泵房增压设备及控制方式的技术升级改造

对泵房原有二次供水设备进行局部或整体技术升级,如更换高能效比的新型水泵,将早期微机单变频控制系统升级为数字集成全变频控制系统,用传感器替代原有的指针式仪表,采用更加卫生、环保、耐用的管路附件等。

(3)泵房节能改造

对泵房原有二次供水设备进行技术性能优化,淘汰低效高能耗水泵,对建设年代相对久远的二次供水增压泵房进行设计优化,将早期采用微机单变频控制系统的两用一备、三用一备、四用一备泵组优化为数字集成多泵联动控制全变频运行模式。

(4)泵房智能化、标准化改造

对泵房二次供水设备实施远程监控和智能化运行管理,对泵房的平面与空间布置、设备配置、管路布置等实施标准化改造。例如:对泵房出水水量、水压、水质、用电量等信息进行实时在线监控;集中采集二次增压设备运行的各类数据并通过计算机软件进行分析,快速生成相应的管理报表;将泵房内通风、排水、安防、视频等相关设施的运行情况纳入数据中心平台集中管理。

6.6.2 原有二次供水系统水箱(水池)改造

长期以来,我国各地城镇为居民二次供水建造了为数众多的泵房水池和屋顶水箱,以缓解自来水厂不能满足高峰时段居民用水需求的突出矛盾。这些水池、水箱大部分是钢筋混凝土材质,也有少部分砖砌水箱、钢板水箱和玻璃钢水箱。

进入21世纪以后,在城镇居民生活给水系统中,砖砌水箱、钢板水箱已鲜见使用,但钢筋混凝土水箱、水池仍随处可见。这些水箱、水池内壁粗糙,易附着污物、滋生藻类和细菌,加之日常管理不善,很容易使二次供水水质受到污染。

早期对原有混凝土水箱、水池进行改造的方法是在内壁粘贴瓷砖,随后又有在内壁涂刷食品级纳米涂料的做法。但这两种方法都由于存在不足而被逐渐淘汰。

在原有水池、水箱内壁粘贴瓷砖,经使用一段时间后极易发生脱落(图6-1),其次市场所购瓷砖也难以保证卫生性。

在水池、水箱内壁涂刷食品级纳米涂料的操作过程中,施工人员需身着防护服,且会散发强烈的刺鼻气味。

在水池内壁衬贴不锈钢薄板和PE(聚乙烯)薄板内胆(图6-2)是近年来使用较多的原有二次供水系统混凝土水箱、水池改造方法。这两种方法中,衬贴PE薄板内胆施工方便快捷、材质卫生性能有保证、价格相对较低,逐渐受到水务部门和用户的欢迎。而在内壁衬贴不锈钢薄板做法,

图6-1 水池内壁粘贴的瓷砖脱落

由于水箱、水池人孔较小,需要将不锈钢薄板裁剪成小块才能放入,水箱、水池内拼缝焊接的焊缝多;其次,304材质不锈钢焊缝部位容易被水中的氯离子腐蚀而导致渗漏,而改用316材质不锈钢又会大幅度增加改造成本。

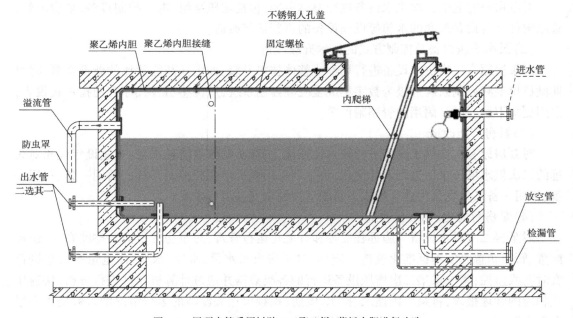

图6-2 屋顶水箱采用衬贴PE(聚乙烯)薄板内胆进行改造

6.6.3 小区原有二次供水管网改造

小区原有二次供水管网改造主要包括以下几方面内容:将生活用水系统管网与室内消防用水系统管网分离;把住宅供水主立管及分户水表移至户外公共部位;更换材质不合格、损毁和渗漏严重及经长期使用后管内壁产生锈蚀而污染水质的管道、阀门及配件;对寒冷季节存在冰冻风险的户外及室内公共部位管道、设备及管路附件采取必要的抗寒保暖措施。具体改造设计大样图可参考图 6-3 ~ 图 6-5。

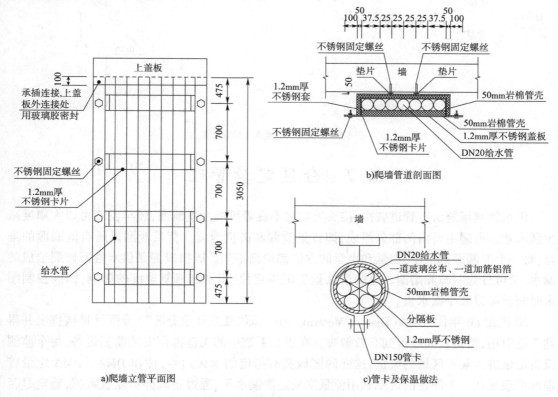

图 6-3 立管改造大样图(单位:mm)

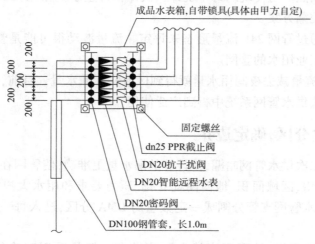

图 6-4 水表箱大样(单位:mm)

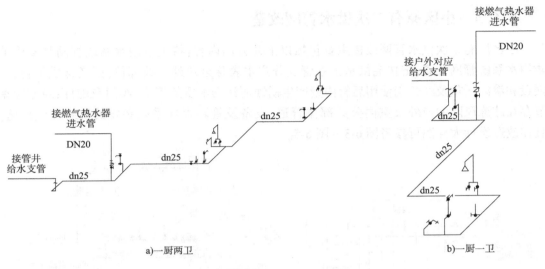

图 6-5 标准层户内给水支管轴测图

6.7 分区定量管理

供水管网系统由于管道破损、接头处对接不良等可能发生泄漏，较早发现可以大幅度减少漏水量。泄漏主要由两部分组成，即背景泄漏和破损泄漏。背景泄漏是所有泄漏源的集合，每一个泄漏源都很小，视觉和声学的方法都检测不到。破损泄漏是供水管网破裂造成的漏水，又可分为明漏和暗漏。总的泄漏量受破损定位、识别和修复速度的影响，因此控制漏水时间就可以减少漏水量。

20世纪80年代，DMA(District Metering Area，即"独立计量分区")分区计量被提出并得到广泛应用，使得该问题得到有效解决。在供水系统中的关键部位安装监测设备，每个监测设备记录进入某一区域的流量，这样的区域具有指定的永久边界，称作DMA。DMA定量管理的原理是在一个圈定的区域利用流量来确定泄漏水平，通过正确分析流量数据，确定是否有超量泄漏和新的漏点。与传统的每年统计一次体积计量水量相比，DMA分区计量更能及时发现漏点并采取控漏方案。

泄漏程度可以通过管网24h流量形态来评定。流量波动很可能是管网泄漏的信号，特别是对于没有夜间工业用水的管网。

DMA夜间最小流量减去夜间用水量就得到区域实际漏水量。目前，该方法在城市供水管网和大型小区二次供水管网系统中得到广泛使用。

6.7.1 建立分区，确定边界

为了便于识别二次供水管网暗漏，使计算的漏水量更准确，使管网在最佳压力水平下运行，在考虑了住宅类型、区域面积、地面高程变化、压力要求和用水大户等众多因素的前提下，将较大的二次供水管网支管分割成一定数量的DMA分区，进入每一个区域的流量都可以得到实时监测。

管网分区是精细工作，处理不当就会影响供水。但是采用正确的方法，再大、再复杂的管网也可以被很好地分区,关键是要详细、透彻地了解现有管网的水力运行参数。

DMA管理方案设计的第一步是审查管网基础结构。根据每个管网特定的水力、水质条件和规范,从主管向支管扩展,任务是尽可能地把DMA与主管隔离开,这样就可以在不影响主管供水弹性的同时改善对DMA的控制。初始审查的关键是确定与供水灵活性有关的本地习惯和法定要求。

典型的DMA布局如图6-6所示。

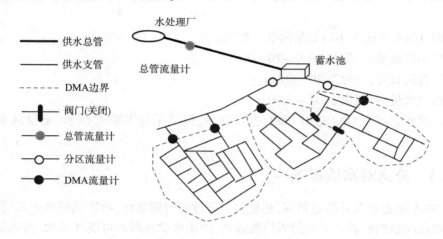

图6-6 典型的DMA布局

在大型复杂管网引入DMA管理,使该管理模式成为主要水源流量监测总体规划的一部分。为便于识别管网泄漏的部位,先将管网分割为几个较大区域,再按有限次序为这些区域建立DMA。这个初始计划必须仔细地考虑边界划分,这对整个项目的成功和长期的运行效率是十分关键的。为了保证供水系统的灵活性,分区中尽可能不包含主管,理想的分区是通过安装边界阀门或者断开边界管道来建立,也可以通过安装监测设备来计量流入和流出的水量。

建立分区后,把每个分区分割为几个大小适当的DMA,这种做法在大型互连管网中是最常见的,在小型简单管网中可省掉这一步。二次供水的小区范围较小,因此一般省掉这一步。

边界不仅要符合DMA设计标准,还应该尽可能地少跨越主管道。理想的情况下,主干管道不应被划分在DMA中,以避免安装流量计发生的费用,改善流量数据的准确性,维持供水的灵活性。

6.7.2 分区大小与经济性

分区的大小直接影响实现DMA管理所需费用。DMA划分得越小,需要安装的阀门和监测设备就越多,花费就越高,维护费用越高。但是,较小的DMA也有优点:

①可以较早识别新漏点,缩短感知时间。
②对照夜间使用噪声,较小的泄漏也可以被辨别。
③同样的泄漏,在小DMA中能较快地定位,减少了定位时间。
④对于一定量的漏点,由于普查区域较小,降低了定位成本。
⑤更容易将漏损控制在较低水平。

实际分区过程中,考虑到管网基础结构的现状和压力优化的需要,分区大小的设计非常灵活。但是当分区用户多于5000户时,就很难从夜间流量数据分辨出小的漏水(支管漏水),定位漏水需要更长时间。在基础结构条件很差的管网中,如果漏水频率很高,或者漏点修复后压力升高会造成新漏点,这时就需要考虑使用很小的DMA分区,用户数要控制在500户以下。DMA的大小也可以按照管网的公里数确定,特别是在成排别墅区域,用户密度很低,漏点定位比较容易。正常情况下,用主管长度来衡量分区的大小。

在我国,DMA分区大小的划分标准一般是:
①按照用户数量,一般为5000~10000户。
②按照管网长度,一般为20~30km。
③按照供水量,一般为2000~5000m^3/d。

间歇式供水管网也可以应用DMA进行管理,但结果的准确度较差,定量漏水程度较困难。

6.7.3 分区对水质影响

建立DMA就要永久关闭边界阀,相比完全开放的管网系统,会形成更多的末端,可能造成用户对水质问题的投诉。关闭的阀门数越多,产生水质问题的可能性越大,特别是当关闭的阀门不在现有水力学平衡点时。这一问题可以通过定期清洗管道得到缓解,但是设计时就需要考虑,防止水质恶化。

6.7.4 分区内压力、流量和泄漏量的关系

泄漏量与压力的n次方成正比,用水高峰期流量增加,管网压力降低,泄漏量减少。n一般介于0.5~1.5之间,取决于管材及泄漏类型。当$n=1$时,泄漏与压力之间是线性关系。泄漏量在一天当中并不是恒定的,用以关联夜间泄漏量与日泄漏量的参数称为夜日因子(NDF),由下式确定:

$$日泄漏量 = NDF \times 夜间每小时泄漏量 \tag{6-1}$$

其中,NDF单位为h/d,对于重力供水的DMA,NDF一般小于或等于24h/d。对于低压重力供水系统,NDF可能会低至12h/d。而对于直接压力供水或有加压设备的DMA,NDF一般高于24h/d,也可能高达36h/d。因此,在使用夜间流量估算日或年泄漏量时,NDF是一个必须考虑的主要因子。优先考虑以每小时夜间测量流量为基准表示泄漏流量。

6.7.5 分区定量水损监控管理系统

运用物联网技术和高端的感知仪器,结合分区计量指导要点和系统运营管理流程,使用无线通信手段,实时在线监测封闭区域内的流量,并将夜间最小流量与夜间最小允许流量进行对比,判断当前区域是否存在漏损,并快速确定漏点区域。分区定量水损监控管理系统结构图如图6-7所示。

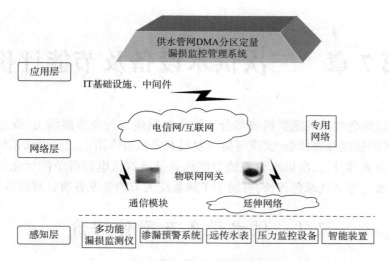

图 6-7 分区定量水损监控管理系统结构图

第7章 二次供水设备及节能评价

节能是建筑绿色性能的重要组成部分。深入挖掘建筑行业节能潜力，促进能源优化与合理利用，对我国创建低碳社会、实现可持续发展有着积极作用。二次供水系统的节能是建筑节能的重要组成部分，二次供水设备的节能优化是建筑机电设备节能优化的重要组成部分。对二次供水工程开展绿色评价，有助于了解系统的节能情况并有针对地改进。

7.1 供水设备及附件评价

供水设备及附件评价内容见表7-1。

供水设备及附件评价 表7-1

评价项目	评价内容
一、总体结构	
1. 水箱、电控柜、水泵、阀门、消毒设备等	1. 水箱、电控柜、水泵、阀门、消毒设备等应有规范的标牌，并标明生产厂家、注册商标、生产日期、出厂编号。 2. 水箱、压力水容器应标明有效容积和材质。 3. 水泵应标明流量、扬程、转速、功率等参数。 4. 管道、阀门应标明口径、材质和工作压力
2. 供水设备基本配置	水泵机组、稳流补偿罐、气压罐、倒流防止器、过滤器、流量计量装置、控制阀门、连接管路、压力传感器、控制柜、防负压装置等应齐全
二、稳流罐材质	
3. 稳压罐(气压罐/膨胀罐)	材质：不锈钢/碳钢
三、阀门等配套附件	
4. 阀门类型及材质	1. 类型：球阀/蝶阀/闸阀/液压浮球阀/电动阀/止回阀。 2. 材质：不锈钢/铸钢/镀锌/铸铁等
5. Y形过滤器	材质：不锈钢/碳钢
四、水泵机组	
6. 单级泵驱动方式	直联/联轴器连接
7. 水泵	1. 材质：不锈钢/碳钢。 2. 基础减振

7.2 电控部分评价

电控部分评价内容见表7-2。

电控部分评价 表 7-2

评价项目	评价内容
1. 数字化集成变频器	1. 是否每台泵单独配置变频器。 2. 专用变频器可靠性评价
2. 变频器	品牌、质量
3. 主要电气元件	品牌、质量
4. 控制功能	1. 自动控制/远程控制/本地控制。 2. 调节功能及数据存储。 3. 泵组交换工作及多泵联动。 4. 停电复位
5. CAN总线控制及人机界面	1. 总线形式。 2. 人机对话界面是否友好
6. 对外通信接口(智能终端)	1. 接口形式。 2. 有无通信路由
7. 压力检测单元	压力传感器数量及位置
8. 配电控制柜	1. 柜体形式及结构防护等级。 2. 安装位置及基础。 3. 主要元器件选型。 4. CCC 认证
9. 仪表配置	1. 电参量显示、记录。 2. 泵房总用电量,泵组(分区泵组)用电量。 3. 贸易结算计量水表
10. 保护功能	1. 水泵电机:过载、短路、缺相、欠压过压保护。 2. 变频器过热。 3. 供水系统超压、缺水等故障报警及自动保护

7.3 节能评价

7.3.1 系统综合效率

能量效率通常指在能量传递或转换过程中,有用功消耗的能量在系统实际总消耗能量中的占比。二次供水系统的能效分析不应局限于单一泵组的效率最优,而应着眼于全系统能量的传递和转化,从系统工程的角度全面分析变频器、电动机、传动轴、水泵及供水管路等各部分的能耗特性,对比分析不同设备配置、不同控制调度对系统能效的影响,进而通过总体协调,挖掘节能潜力,全面提升系统能效水平,力求运行期内二次供水系统效率最优、能耗最低。

变频调速供水系统的能量传递关系如图 7-1 所示。

全面分析组成二次供水系统的变频器、电动机、水泵及供水管路等各部分的能耗特性,结合图 7-1,可得出设备整机效率 η_E 和系统综合效率 η_S 分别为:

$$\eta_E = \frac{N_u}{E_{输入}} = \eta_{VFD}\eta_{MOT}\eta_P \qquad (7\text{-}1)$$

$$\eta_S = \frac{E_{有效}}{E_{输入}} = \eta_E \eta_{PI} = \eta_{VFD}\eta_{MOT}\eta_P\eta_{PI} \qquad (7\text{-}2)$$

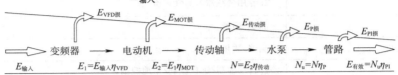

图 7-1 变频调速供水系统的能量传递关系

$E_{输入}$、E_1、E_2、N、N_u、$E_{有效}$—分别表示变频器输入功率、电动机输入功率、电动机输出功率、水泵轴功率、水泵有效功率、系统有效功率；η_{VFD}、η_{MOT}、$\eta_{传动}$、η_P、η_{PI}—分别表示变频器效率、电动机效率、传动轴效率、水泵效率、供水管路效率；$E_{VFD损}$、$E_{MOT损}$、$E_{传动损}$、$E_{P损}$、$E_{PI损}$—分别表示变频器功率损耗、电动机功率损耗、传动轴功率损耗、水泵功率损耗、供水管路能量损耗

7.3.2 单位供水能耗

《泵类液体输送系统节能监测》（GB/T 16666—2012）把水泵将 1t 水输送 100m 高的耗电量定义为吨水百米扬程耗电量。《二次供水设备节能认证技术规范》（CQC 3153—2015）把水泵将 1m³ 水提升 100m 的耗电量定义为单位供水能耗，单位为 kW·h/(m³·MPa)。

从定义和单位来看，单位供水能耗即吨水百米扬程耗电量，其理论计算公式为：

$$E = \frac{P}{QH} \qquad (7\text{-}3)$$

式中：E——单位供水能耗[kW·h/(m³·MPa)]；
P——并联泵组累计运行耗电量(kW·h)；
Q——设备出水量(m³)；
H——设备扬程(MPa)。

根据用电量与功的关系，有以下换算关系：

$$1\text{kW}\cdot\text{h} = 1\frac{\text{kJ}}{\text{s}} \cdot 3600\text{s} = 3600\text{kJ} = 3600\text{kN}\cdot\text{m}$$

又，水的容重为 9.8kN/m³，则：

$$\frac{3600\text{kN}\cdot\text{m}}{9.8\text{kN/m}^3} = \frac{1\text{kW}\cdot\text{h}}{9.8\text{kN/m}^3} = 367.35\text{m}^3\cdot\text{m}$$

上式物理意义为：在效率 100% 时，1kW·h 电能可将 1m³ 水垂直提升 367.35m；或在效率 100% 时，1kW·h 电能可将 367.35m³ 水垂直提升 1m。

因此，在效率 100% 时，0.27kW·h 电能可将 1m³ 水垂直提升 100m，即无能量损失时，系统单位供水能耗为 0.27kW·h/(m³·MPa)。

综上可知，系统综合效率 η_S 可直接通过下式计算：

$$\eta_S = \frac{0.27}{E} \qquad (7\text{-}4)$$

式中各符号含义同前。

第8章 二次供水设计案例

8.1 变频调速供水系统设计

8.1.1 工程条件

某居住小区拟建5栋18层高层住宅,共有住户540户,每户以3.2人计,一厨一卫,卫生器具给水当量为4,用水定额取260L/(人·d),小时变化系数取2.5。供水设备选型计算可不考虑绿化、道路浇洒及未预见水量。

楼内层高为2.8m,楼顶有消防水箱,需由生活加压泵补水,消防水箱箱底高出屋面0.5m,水箱有效水深为1.5m。居民楼室内外高差为1.2m。给水泵房单独设置在小区楼外场地上,泵房地面室内外高差为0.15m,泵房储水箱最低水位高出地面0.7m。

生活给水系统竖向分为3个区,2层及2层以下为低区,由市政管网压力直接供水;3~10层为中区,12~18层为高区,中、高区分别由设在小区给水泵房内的变频调速供水设备增压供水。

8.1.2 计算增压给水系统的设计流量

每户以3.2人计,用水定额取260L/(人·d),小时变化系数取2.5,根据已知条件计算出每套供水设备服务人数为768人。

根据住宅配置的卫生器具给水当量、使用人数、用水定额、使用时数及小时变化系数,按下式计算出最大用水时卫生器具给水当量平均出流概率:

$$U_0 = \frac{100 q_L m k_h}{0.2 N_g T \times 3600} \tag{8-1}$$

式中:U_0——给水管道最大用水时卫生器具给水当量平均出流概率(%);

q_L——最高用水日的用水定额(L/人·d),取260;

m——每户用水人数,取3.2;

k_h——小时变化系数,取2.5;

N_g——每户设置的卫生器具给水当量数,取4;

T——用水时间(h),取24h;

0.2——一个卫生器具给水当量的额定流量(L/s)。

计算结果:$U_0 = 3.0\%$。

根据每套供水设备需要承担的住户卫生器具给水当量总数,按下式计算出该增压给水系统的卫生器具给水当量的同时出流概率:

$$U = 100 \times \frac{1 + \alpha_c (N_g - 1)^{0.49}}{N_g^{0.5}} \tag{8-2}$$

式中：U——增压给水系统卫生器具给水当量同时出流概率(%)；

N_g——给水当量总数，取960；

α_c——对应于不同 U_0 的系数，取0.01939。

计算结果(中、高区的同时出流概率计算结果相同)：$U=5.04\%$。

根据该增压给水系统卫生器具给水当量同时出流概率，按下式计算系统的设计秒流量：

$$q_g = 0.2 U N_g \tag{8-3}$$

式中：q_g——系统设计秒流量(L/s)。

计算结果：中(高)区生活给水系统设计秒流量为 $34.81\text{m}^3/\text{h}$。

8.1.3 计算变频调速供水设备出口压力设定值

根据下式计算变频调速供水设备出口压力设定值 P_0：

$$P_0 = 0.0098 \times (H_1 + h_{f2} + h_{j2} + H_2) \tag{8-4}$$

式中：H_1——泵房储水箱最低水位至最不利用水点的高程差(m)；

h_{f2}——水泵出口处至最不利用水点的管道沿程阻力损失(m)；

h_{j2}——水泵出口处至最不利用水点的管道局部阻力损失(m)；

H_2——最不利用水点所需水压(m)。

计算结果：

①中区：最不利用水点为11层淋浴器，淋浴喷洒头距地面高度为2.2m。

$$H_1 = 1.2 + 2.8 \times (10-1) + 2.2 - 0.15 - 0.7 = 27.75(\text{m})$$

$$h_{f2} + h_{j2} = 8(\text{m})$$

H_2 取20m，则：

$$P_0 = 0.0098 \times (27.55 + 8 + 20) = 0.546(\text{MPa})$$

②高区工况1：最不利用水点为18层淋浴器，淋浴喷洒头距地面高度为2.2m。

$$H_1 = 1.2 + 2.8 \times (18-1) + 2.2 - 0.15 - 0.7 = 50.15(\text{m})$$

$$h_{f2} + h_{j2} = 10(\text{m})$$

H_2 取10m，则：

$$P_0 = 0.0098 \times (50.15 + 10 + 20) = 0.785(\text{MPa})$$

③高区工况2：最不利用水点为高位消防水箱，水箱进水管高出屋面2.5m。

$$H_1 = 1.2 + 2.8 \times 18 + 2.5 - 0.15 - 0.7 = 53.25(\text{m})$$

$$h_{f2} + h_{j2} = 10(\text{m})$$

H_2 取2m，则：

$$P_0 = 0.0098 \times (53.25 + 10 + 2) = 0.639(\text{MPa})$$

8.1.4 计算设备供水压力

设备供水压力 $P = 1.05 P_0$，则：

中区：$P = 1.05 \times 0.546 = 0.573(\text{MPa})$。

高区：$P = 1.05 \times 0.785 = 0.824(\text{MPa})$。

8.1.5　选用变频调速供水设备

1）中区变频调速供水设备选型

①选用微机控制变频调速供水设备:型号为 HLS36/0.60-3-5.5,两用一备泵组,设备流量 36m³/h,供水压力为 0.60MPa;水泵型号为 50AABH18-15×4,流量 $Q=18$m³/h,扬程 $H=60$m,轴功率 $N=5.5$kW。

②选用数字集成全变频恒压供水设备:型号为 GHV30/22SV06F075T,两用一备泵组,设备流量为 44m³/h,供水压力为 0.72MPa;水泵型号为 22SV06F075T,流量 $Q=22$m³/h,扬程 $H=72$m,轴功率 $N=7.5$kW。

2）高区变频调速供水设备选型

①选用微机控制变频调速供水设备:型号为 HLS36/0.90-3-7.5,两用一备泵组,设备流量为 36m³/h,供水压力为 0.90MPa;水泵型号为 50AABH18-15×6,流量 $Q=18$m³/h,扬程 $H=90$m,轴功率 $N=7.5$kW。

②选用数字集成全变频恒压供水设备:型号为 GHV30/22SV07F075T,两用一备泵组,设备流量为 44m³/h,供水压力为 0.84MPa;水泵型号为 22SV07F075T,流量 $Q=22$m³/h,扬程 $H=84$m,轴功率 $N=7.5$kW。

8.2　叠压供水系统设计

8.2.1　工程条件

某居住小区,有 18 层高层住宅 5 栋,共有住户 540 户,每户有一厨一卫,卫生器具给水当量为 4.5,每户以 3.2 人计,用水定额取 235L/(人·d),小时变化系数取 2.5。不考虑未预见水量和管道漏头。

楼内层高为 2.8m。楼顶有消防水箱需由生活加压泵补水,消防水箱箱底距最高居住层消火栓栓口 7m,水箱内水深为 1.8m,居民楼室内外高差为 1.2m。给水加压泵房位于楼外地面上,泵房地面比室外地面高 0.15m。

市政给水管供水水压 $P_{市政min}=0.18$MPa、$P_{市政max}=0.3$MPa。市政接管点与水泵房之间的管段长度 $L=100$m,管径为 DN100。接管点地面高程与小区室外地面相同,市政给水管管径为 DN400,市政给水管埋深为 1.5m。给水泵房引入管采用 DN100 钢管。

生活给水系统采用集中分区供水。2 层及 2 层以下为低区,由市政供水;3~10 层为中区,11~18 层为高区,由设在小区给水加压泵房内的两套叠压供水设备分别供水。

8.2.2　计算用户的设计流量

每户以 3.2 人计,用水定额取 235L/(人·d),小时变化系数取 2.5,根据《建筑给水排水设计标准》(GB 50015—2019)表 3.6.1,流量计算分界服务人数为 6300 人,而根据已知条件计算出每套供水设备实际服务人数为 840 人,则设计流量按设计秒流量计算。

根据住宅配置的卫生器具给水当量、使用人数、用水定额、使用时数及小时变化系数,按下式计算出最大用水时卫生器具给水当量平均出流概率:

$$U_0 = \frac{100q_L m k_h}{0.2 N_g T \times 3600} \tag{8-5}$$

式中：U_0——给水管道最大用水时卫生器具给水当量平均出流概率(%)；

q_L——最高用水日的用水定额(L/人·d)，取235；

m——每户用水人数，取3.2；

k_h——小时变化系数，取2.5；

N_g——每户设置的卫生器具给水当量数，取4.5；

T——用水时间(h)，取24；

0.2——一个卫生器具给水当量的额定流量(L/s)。

计算结果：$U_0 = 2.42\%$。

根据计算管段上的卫生器具给水当量总数，按下式计算出该管段的卫生器具给水当量的同时出流概率：

$$U = 100 \times \frac{1 + \alpha_c (N_g - 1)^{0.49}}{N_g^{0.5}} \tag{8-6}$$

式中：U——计算管段的卫生器具给水当量同时出流概率(%)；

N_g——计算管段上的给水当量总数，取1080；

α_c——对应于不同 U_0 的系数，取0.01444。

计算结果(中、高区同时出流概率计算结果相同)：$U = 4.39\%$。

根据该增压给水系统卫生器具给水当量同时出流概率，按下式计算系统的设计秒流量：

$$q_g = 0.2 U N_g \tag{8-7}$$

式中：q_g——计算管网的设计秒流量(L/s)。

计算结果：中(高)区生活给水系统设计秒流量为34.13m³/h。

8.2.3 计算市政给水管供水至水泵进口处剩余压力

根据下式计算市政给水管供水至水泵进口处剩余压力：

$$P_i = P_m - [P_w + P_b + P_f + 0.0098 \times (h_{fl} + h_{jl} + \Delta H_1)] \tag{8-8}$$

式中：P_i——水泵进口处压力(MPa)；

P_m——市政给水管网接点处的水压(MPa)；

P_w——水表的局部阻力损失(MPa)；

P_b——倒流防止器的局部阻力损失(MPa)；

P_f——管道过滤器的局部阻力损失(MPa)；

h_{fl}——市政给水管至水泵进口处的沿程阻力损失(m)；

h_{jl}——除水表、倒流防止器、管道过滤器外，管道的局部阻力损失(m)；

ΔH_1——市政给水管与水泵进口处的高程差(m)。

计算结果：$P_w = 0.02\text{MPa}$，$P_b = 0.03\text{MPa}$，$P_f = 0.01\text{MPa}$，$h_{fl} = 1\text{m}$，$h_{jl} = 1.5\text{m}$，$\Delta H_1 = 1.5 - 0.4/2 + 0.15 + 0.6 = 2.05\text{m}$(其中泵轴距地面高度为0.6m)。

对于 $P_{市政min} = 0.18(\text{MPa})$，有：

$$P_i = 0.18 - [0.02 + 0.03 + 0.01 + 0.0098(1 + 1.5 + 2.05)] = 0.08(\text{MPa})$$

对于 $P_{市政max} = 0.30\text{MPa}$，有：

$$P_i = 0.30 - [0.02 + 0.03 + 0.01 + 0.0098(1 + 1.5 + 2.05)] = 0.20(\text{MPa})$$

8.2.4 计算水泵出口设定压力值

根据下式计算水泵出口设定压力值 P_0：

$$P_0 = 0.0098 \times (H_1 + h_{f2} + h_{j2} + H_2) \tag{8-9}$$

式中：H_1——水泵出口处至最不利用户的高程差(m)；

h_{f2}——水泵出口处至最不利用户的管道沿程阻力损失(m)；

h_{j2}——水泵出口处至最不利用户的管道局部阻力损失(m)；

H_2——最不利用户所需自由水头(m)。

计算结果：

①中区：最不利用户为 10 层淋浴器，淋浴器距地 2.2m，泵轴距地 0.6m。

$$H_1 = 1.2 + 2.8 \times (10 - 1) + 2.2 - 0.15 - 0.6 = 27.85(\text{m})$$
$$h_{f2} + h_{j2} = 7(\text{m})$$

H_2 取 6m，则：

$$P_0 = 0.0098 \times (27.85 + 7 + 6) = 0.40(\text{MPa})$$

②高区工况 1：最不利用户为最高层淋浴器，淋浴器距地 2.2m，泵轴距地 0.6m。

$$H_1 = 1.2 + 2.8 \times (18 - 1) + 2.2 - 0.15 - 0.6 = 50.25(\text{m})$$
$$h_{f2} + h_{j2} = 10(\text{m})$$

H_2 取 6m，则：

$$P_0 = 0.0098 \times (50.25 + 10 + 6) = 0.65(\text{MPa})$$

③高区工况 2：最不利用户为水箱，消火栓距当层地面 1.1m，水箱进水管距最高水位 0.8m。

$$H_1 = 1.2 + 2.8 \times (18 - 1) + 1.1 + 7 + 1.8 + 0.8 - 0.15 - 0.6 = 58.75(\text{m})$$
$$h_{f2} + h_{j2} = 7(\text{m})$$

H_2 取 2m，则：

$$P_0 = 0.0098 \times (58.75 + 7 + 2) = 0.66(\text{MPa})$$

高区 P_0 取 0.66MPa（即取工况 2）。

8.2.5 计算水泵所需扬程

$$H = P_0 - P_i \tag{8-10}$$

①中区：当 $P_{市政min} = 0.18\text{MPa}$ 时，$H_{max} = 0.40 - 0.08 = 0.32(\text{MPa})$；当 $P_{市政max} = 0.30\text{MPa}$ 时，$H_{min} = 0.40 - 0.20 = 0.20(\text{MPa})$。

②高区：当 $P_{市政min} = 0.18\text{MPa}$ 时，$H_{max} = 0.66 - 0.08 = 0.58(\text{MPa})$；当 $P_{市政max} = 0.30\text{MPa}$ 时，$H_{min} = 0.66 - 0.20 = 0.46(\text{MPa})$。

8.2.6 校核设备进水管的最大过水能力

进水管管径为 100mm、流速为 1.2m/s 时，进水管流量 Q_{max} 为 37.8m³/h，大于 34.13m³/h，满足要求。

8.2.7 选用罐式叠压供水设备

1) 中区设备

设计流量为34.13m³/h,设计扬程为0.20~0.32MPa,选用罐式设备100ZWG3/APV20-30,设备额定流量为40m³/h,设备额定扬程为0.33MPa。设备进水管管径为DN100。

2) 高区设备

方案1:设计流量为34.13m³/h,设计扬程为0.46~0.58MPa,选用罐式设备100ZWG3/APV20-60,设备额定流量为40m³/h,设备额定扬程为0.66MPa,单泵功率为7.5kW。设备进水管管径为DN100。

方案2:设计流量为34.13m³/h,设计扬程为0.46~0.58MPa,选用罐式设备100ZWG3/APV16-60,设备额定流量为32m³/h,设备扬程为0.70MPa,单泵功率为5.5kW。设备进水管管径为DN100。

方案比较:方案2所选设备的单泵流量为10~18m³/h,单泵扬程为0.83~0.64MPa。该方案设计流量近似等于两台泵最大流量之和,充分利用了水泵高效区;并且单泵功率小,设备成本低。该方案的缺点是设备流量的余量较小。

8.2.8 选用箱式叠压供水设备

1) 中区设备

设计流量为34.13m³/h,设计扬程为0.20~0.32MPa,选用箱式设备ZWX12-40-0.35,设备额定流量为40m³/h,设备额定扬程为0.35MPa,水箱公称容积为12m³,APV12-40增压水泵1台,流量8~14m³/h。设备进水管管径为DN125。

计算最大小时用水量 Q_h:

$$Q_h = \frac{235 \times 3.2 \times 240 \times 2.5}{1000 \times 24} = 18.8(m^3/h)$$

水箱有效容积应为18.8~37.6m³。

如考虑在市政停水时仍能短时间内全流量供水,设备需增加水箱容积和增压水泵台数等。

2) 高区设备

设计流量为35.5m³/h,设计扬程为0.46~0.58MPa,设备出口设定压力为0.66MPa,选用箱式设备HLXB-CDY-56-36-0.75,设备流量为36m³/h,设备扬程为0.75MPa,水箱公称容积为36m³,无增压装置,设备进水管管径为DN100。水箱容积计算同中区,满足要求。

方案分析:无增压装置时由低位水箱吸水,设备扬程应满足水泵出口设定压力值 P_0 的要求。

根据水泵相似定律 $H_1/H_2 = (n_1/n_2)^2$ 近似分析最不利水泵扬程变化工况下的调整比,其中,n_1、n_2 为同一叶片泵的不同转速;H_1、H_2 分别为该叶片泵在 n_1、n_2 转速时对应的扬程。当 n_2 为额定转速时,n_1/n_2 为调速比,宜在0.7~1.0的范围内。

$\sqrt{设计最小扬程/设备扬程} = \sqrt{0.46/0.75} = 0.78$,即最不利工况下调速比大于0.7,满足水泵高效运行的要求。

8.2.9 选用管中泵式叠压供水设备

1）中区设备

设计流量为 35.5m³/h，设计扬程为 0.20~0.32MPa，选用管中泵式设备 JS-34/40-6.0，设备流量为 34m³/h，设备扬程为 0.40MPa。设备进水管管径为 DN100。

2）高区设备

设计流量为 35.5m³/h，设计扬程为 0.46~0.58MPa，选用管中泵式设备 JS-34/64-11，设备流量为 34m³/h，设备扬程为 0.64MPa。设备进水管管径为 DN100。

8.3 多层建筑给水立管改造设计

8.3.1 改造前后供水立管形式

供水分离移交工作中接收的国有企业职工家属区以老旧小区为主，这类小区往往建设年代久远，受当时供水技术规范及建设条件限制，其供水立管大多采用公共立管的形式，立管位于厨房墙角处或卫生间用水量较大的器具旁，管材主要为镀锌钢管或塑料管；用户计量水表也位于室内，存在入户抄表影响居民生活、管理人员抄表不易、无法及时处理个别用户偷水漏水等问题。为了达到"一户一表，水表出户"的目的，将原公共供水立管更换为一户一管室外壁挂安装，有垃圾通道的可安装在垃圾通道内，条件不允许的情况下还可将立管置于楼梯间或采用原位安装方式，管材选用 PE 100 级聚乙烯给水管材，管外径为 25mm，壁厚 2.3mm。水表被集中放置在户外的水表井或保温水表箱中，便于统一管理。改造前、后多层建筑给水系统示意图分别如图 8-1a)、b)所示。

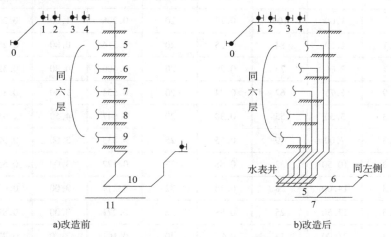

图 8-1 多层建筑改造前、后给水系统示意图
0~4-该层对应的用水器具；5~9-各层的用水节点；10、11-干管上的用水节点

8.3.2 改造前后水力分析

1）给水系统所需水压

要满足建筑内给水系统各配水点单位时间内所需的水量，给水系统的水压（自室外引入管

中心高程算起)应保证最不利配水点具有足够的流出水头,其计算公式见式(8-11):

$$H = H_1 + H_2 + H_3 + H_4 \tag{8-11}$$

式中:H——建筑内给水系统所需的水压(kPa);

H_1——引入管起点至最不利配水点位置高度所要求的静水压(kPa);

H_2——引入管起点至最不利配水点的给水管路(即计算管路)的沿程与局部水头损失之和(kPa);

H_3——水流通过水表时的水头损失(kPa);

H_4——最不利配水点所需的最低工作压力(kPa)。

2)改造前水力计算

以供水分离移交工作中某多层住宅楼为例进行水力计算分析。该住宅楼共6层,3个单元,一梯两户,各单元户型结构完全相同,每户卫生间内有冲洗水箱坐式大便器1套($N = 0.5$)、洗脸盆1个($N = 0.75$)、淋浴器1个($N = 0.5$)、洗衣机1个($N = 1$),厨房内有洗涤盆1个($N = 0.75$),该建筑有局部热水供应。改造前,楼内供水立管为公共立管,管材为PE,分户水表位于用户室内,其某一单元的给水系统示意图如图8-1a)所示。

该住宅给水系统引入管与室外给水管网连接点到最不利配水点的高差为18.5m,即H_1为185kPa。

H_2的计算需确定各管段单位长度水头损失i,再结合各管段长度L,得到管路沿程水头损失$\sum h_i$,局部损失$\sum h_j$取沿程损失的30%,两者之和即为H_2的值。各项计算结果如表8-1所示。

改造前给水管网水力计算表　　　　　　　表8-1

计算管段编号	U_0 (%)	N_g	U (%)	q_g (L/s)	DN (mm)	i (kPa/m)	L (m)	h_i (kPa)	$\sum h_i$ (kPa)
0-1	—	1.00	100	0.20	20	0.206	1.00	0.206	0.206
1-2	8.1	1.50	84	0.25	20	0.314	0.80	0.251	0.457
2-3	4.1	2.00	73	0.29	20	0.400	0.80	0.320	0.777
3-4	2.9	2.75	62	0.34	20	0.534	1.50	0.801	1.578
4-5	2.3	3.50	55	0.38	20	0.647	4.50	2.912	4.490
5-6	2.3	7.00	39	0.55	25	0.333	3.00	0.999	5.489
6-7	2.3	10.50	32	0.68	32	0.172	3.00	0.516	6.005
7-8	2.3	14.00	28	0.78	32	0.219	3.00	0.657	6.662
8-9	2.3	17.50	25	0.88	32	0.271	3.00	0.813	7.475
9-10	2.3	21.00	23	0.97	40	0.101	7.70	0.778	8.252
10-11	2.3	42.00	17	1.41	40	0.197	4.00	0.79	9.04

由上表可得,管路水头损失$H_2 = \sum(h_i + h_j) = 9.04 \times (1 + 30\%) = 11.752$kPa。住宅入户管上的水表水头损失取10kPa,即$H_3 = 10$kPa;淋浴器最低工作压力取50kPa,即$H_4 = 50$kPa。

由式(8-11)计算改造前给水系统所需压力H:

$$H = H_1 + H_2 + H_3 + H_4 = 18.5 \times 10 + 11.752 + 10 + 50 = 256.752(\text{kPa})$$

3)改造后水力计算

该住宅楼经"三供一业"给水分离移交工程户表改造后,其给水系统图如图 8-1b)所示。配水最不利点仍为 6 层淋浴器喷头,对该系统进行水力计算,结果如表 8-2 所示。

改造后给水管网水力计算表 表 8-2

计算管段编号	U_0(%)	N_g	U(%)	q_g(L/s)	DN(mm)	i(kPa/m)	L(m)	h_i(kPa)	$\sum h_i$(kPa)
0-1	—	1.00	100	0.20	20	0.206	1.00	0.206	0.206
1-2	8.1	1.50	84	0.25	20	0.314	0.80	0.251	0.457
2-3	4.1	2.00	73	0.29	20	0.400	0.80	0.320	0.777
3-4	2.9	2.75	62	0.34	20	0.534	1.50	0.801	1.578
4-5	2.3	3.50	55	0.38	20	0.647	23.50	15.205	16.783
5-6	2.3	21.00	23	0.97	40	0.101	0.70	0.071	16.853
6-7	2.3	42.00	17	1.41	40	0.197	4.00	0.788	17.641

计算其管路水头损失 $H'_2 = \sum(h'_i + h'_j) = 17.641 \times (1 + 30\%) = 22.933 \text{kPa}$;改造后室外水表井中为分户计量水表,水表水头损失取 10kPa,即 $H'_3 = 10 \text{kPa}$;淋浴器最低工作压力取 50kPa,即 $H'_4 = 50 \text{kPa}$。

由式(8-11)计算改造后给水系统所需压力 H':

$$H' = H'_1 + H'_2 + H'_3 + H'_4 = 18.5 \times 10 + 22.933 + 10 + 50 = 267.933(\text{kPa})$$

4)对比分析

从上文的计算结果来看,改造前给水系统所需压力为 256.752kPa,改造后所需压力为 267.933kPa,差值为 11.181kPa,后者比前者需求的压力值更大。这一差值是由管路沿程及局部水头损失的前后差异带来的。

从图 8-11a)可以看出,自 4-5 段开始,管路由高到低逐步向引入管接点靠近,结合表 8-1 发现,下一级管段中的给水当量在经过每层配水点后逐步增大,管径也随之放大,其 i 值在 4-5 段中达到峰值 0.647,之后的 i 值最大为 0.333,最小为 0.101。当立管改造为图 8-1b)中的单户单立管形式时,每根立管中的用水当量均为单户用水当量 3.5,立管管径不再随着楼层下降而变化,此时的 4-5 段为入户节点至室外水表前节点之间的整条管段,其公称管径为 20mm,单位管长水头损失 i 值为 0.647,因此其管路水头损失将比改造前大。

参考文献

[1] 王增长. 建筑给水排水工程[M]. 8版. 北京:中国建筑工业出版社,2022.

[2] 赵锂,章林伟,王研,等. 二次供水工程设计手册[M]. 北京:中国计划出版社,2018.

[3] 住房和城乡建设部工程质量安全监管司,中国建筑标准设计研究院. 全国民用建筑工程设计技术措施:给水排水[M]. 北京:中国建筑工业出版社,2009.

[4] 中国建筑设计研究院有限公司. 建筑给水排水设计手册[M]. 3版. 北京:中国建筑工业出版社,2018.

[5] 黄晓家,姜文源. 建筑给水排水工程技术与设计手册[M]. 北京:中国建筑工业出版社,2010.

[6] 王团伟,张辉. 生活饮用水二次供水管理实用技术[M]. 西安:陕西科学技术出版社,2019.

[7] 北京埃德尔公司. 分区定量管理理论与实践[M]. 2版. 北京:中国建筑工业出版社,2015.

[8] 张维佳. 水力学[M]. 北京:中国建筑工业出版社,2008.

[9] 金锥. 停泵水锤及其防护[M]. 北京:中国建筑工业出版社,2004.

[10] 陈怀德,姜文源. 我国城镇二次供水技术六十年发展历程回顾[C]//建筑给排水资深专家文集. 2015.